深圳
中国式未来

〔德〕**弗兰克·泽林**（Frank Sieren）著　毛明超 译

SHENZHEN

ZUKUNFT
MADE IN CHINA

中国出版集团
中译出版社

图书在版编目（CIP）数据

深圳：中国式未来 /（德）弗兰克·泽林著；毛明超译 . -- 北京：中译出版社，2023.11
书名原文：SHENZHEN – ZUKUNFT MADE IN CHINA
ISBN 978-7-5001-7453-0

Ⅰ．①深⋯ Ⅱ．①弗⋯ ②毛⋯ Ⅲ．①深圳—概况 Ⅳ．① K926.53

中国国家版本馆 CIP 数据核字（2023）第 139502 号

Original title: SHENZHEN - ZUKUNFT MADE IN CHINA: Zwischen Kreativität und Kontrolle - die junge Megacity, die unsere Welt verändert by Frank Sieren
© 2021 by Penguin Verlag, a division of Penguin Random House Verlagsgruppe GmbH, München, Germany.
The simplified Chinese translation copyrights © 2023 by China Translation and Publishing House
ALL RIGHTS RESERVED
著作权合同登记号：图字 01-2021-6453 号

深圳：中国式未来
SHENZHEN: ZHONGGUOSHI WEILAI

出版发行 / 中译出版社
地　　址 / 北京市西城区新街口外大街 28 号普天德胜科技园主楼 4 层
电　　话 /（010）68359719
邮　　编 / 100088
电子邮箱 / book@ctph.com.cn
网　　址 / http://www.ctph.com.cn

策划编辑 / 刘香玲　赵浠彤
责任编辑 / 刘香玲
文字编辑 / 赵浠彤
封面设计 / 朝阳盈蓝网络科技有限公司
排　　版 / 邢台聚贤阁文化传播有限公司
印　　刷 / 北京中科印刷有限公司
经　　销 / 新华书店

规　　格 / 710 毫米 ×1000 毫米　1/16
印　　张 / 18.5
字　　数 / 220 千字
版　　次 / 2023 年 11 月第一版
印　　次 / 2023 年 11 月第一次
ISBN 978-7-5001-7453-0　　　定价：69.00 元

版权所有　侵权必究
中译出版社

深圳：中国式未来

在创新与管理之间——改变我们世界的年轻超级城市

给里奥和蒂姆，九岁了，宁可玩"我的世界"，也不愿读这本书。（没关系。☺腾讯运营着"我的世界"的服务器。腾讯来自深圳。）

推荐语
▼

　　1980年8月26日,全国人大批准成立深圳等四个经济特区。40年来在党中央坚强领导下,深圳广大干部群众坚定不移地深化社会主义市场经济体制改革,坚持体制创新和科技创新引领,顽强拼搏,从面积不到二千平方千米的南国小县跃居成为亚洲前五的现代化国际大都市,创造了世界上城市化、工业化、现代化发展史上的奇迹,是中国特色社会主义道路的成功范例。

　　本书从一位德国的中国通的视角,生动详实地展示了今天深圳的一大批引领科学研究、经济发展的人才和企业。内容丰富,可读性强。希望深圳在习近平新时代中国特色社会主义思想指引下,努力建成中国特色社会主义先行示范区。

李子彬

深圳市原市长

国家发展和改革委员会原副主任、中国中小企业协会会长

前　言

人不能停止设想世界最理性的样子。

——弗里德里希·迪伦马特

从来到中国生活开始，这 27 年来，我头一次感觉必须马上搬家，换个地方。从古老庄严、时而显得有些迟缓、时而更是相当严格的首都北京搬去未来之城。

去哪儿？搬去深圳。

深圳，毗邻香港。但老实说，香港现在却已经成了深圳的城外近郊——尽管香港名气更大。

在深圳生活着大约 1 800 万人，而香港只有区区 850 万。这座城市是中国三大全国性金融中心之一，仅次于上海和北京，甚至排在香港之前。深交所已经比伦敦证券交易所更有价值；深圳港的规模是汉堡港的四倍。

中国市值最高的四家公司中，有两家坐落于深圳：专精于社交与游戏行业（如微信和"堡垒之夜"）的腾讯，以及世界第二大、最为数字化的保险公司——中国平安。世界上最为成功，或许也是最具创新力的中国公司——华为，也位于这座冉冉升起的新城。而在漫长的中国历史中，还没有哪家中国公司能在世界上更成功、更具影响力。华为的影响力如此之大，以至于竟在华盛顿的制裁名单上排名第一。没有任何事件能更加清晰地展现出正在崛起的中国和美国之间的竞争，也没有哪一座城市能像深圳一样象征着这场竞争。从进入21世纪就被打上了这场竞争的烙印，而发生这一切的大都市，正在成为未来的化身。

深圳不仅是一座重要的创新港，更是新交通方式的"圣地"。电动出行、自动驾驶与5G网络的组合，可用于日常生活，价格也可接受，这种体验是独一无二的。总的来看，深圳是一座环境友好型的大都市。例如，所有的出租和公交都是由电驱动的，这可是全世界罕见的。"第一个安静的巨型城市"，美国媒体彭博社（Bloomberg）如是写道。深圳既是全球无人机产业的摇篮，也是语言与面部识别技术的故乡。今天，这座大都市中的日常生活与人工智能已交织得如此紧密，这在全世界都无出其右。而现在，深圳还在设计和建筑领域为世界制定标准。同时，它还是一座有着相当奔放的亚文化的中国都市。

始于2019年末的新冠肺炎疫情先是席卷中国，后又蔓延至全世界，却给了深圳一个出乎意料的崛起的推动力。西方人喜欢把疫情当成"助燃剂"，意思是：所有那些日久经年、习以为常，但实际上早已不合时宜的东西，虽然总有一天会消亡，但现在却衰败得更快。一切问题都暴露了出来。而在亚洲则正好相反，新冠肺炎被看作对各个国家在新时代竞争力的一次碰撞试验。中国，尤其是深圳，以五星通过了这次测试。2021年3月，当欧洲和美国还看不到危机的尽头时，中国早已阶段性地战胜了疫情。当美国以2.3%、欧洲甚至达到6.4%的经济衰退结束2020年时，中国经济反倒增长了2.3%。而在中国的大城市中，深圳堪称表现最好。数据显示：499例感染，仅有3人不幸离世。这座城市的经济增长率甚至达到了3.2%。与之相比，伦敦这座欧洲最大也最繁华的城市，经济衰退竟高达9.9%。也就是说，如果人们要在新冠肺炎疫情的第二年搜寻世界权力更迭的中心时，往深圳看是肯定不会错的。

这一切让深圳成为中国崛起的教科书式的经典案例。深圳的经济实力在不断增长：过去40年中，这座城市的国内生产总值（GDP）年均增幅达到了不可思议的20%，而且，深圳还有进步的空间。2020年，这座蓬勃发展的城市GDP虽已达到4 290亿美元，但仍有很大的发展潜力——德国的北莱茵-威斯特法伦州的人口（1 800万）与深圳相当，其GDP几乎是深圳的两倍。

不过，"超级城市"的称呼看上去还是恰当的。在深圳，每平方千米的土地上居住着接近8 000人，而德国北莱茵-威斯特法伦州只有526人。深圳人口之稠密，只有印度的孟买才可与之相提并论。深圳的房价是世界最高之一，一平方米可达20 000欧元[1]。高房价证明了城市的吸引力，但同时也成了大问题。

深圳并不孤独，这里是大湾区最具活力的中心。大湾区7 000余万人口组成了世界上最大、发展势头最为迅猛的都市群。

---

1. 根据中国银行2023年8月30日外汇折算价，1人民币≈0.1262欧元。——译者注

深圳

这里的面积不到中国国土面积的 1%，如今却贡献了占全国 12% 的 GDP，完成了全国 40% 的出口额。而中国又是世界上最大的自由贸易区的核心。2020 年，亚洲国家联合签署的《区域全面经济伙伴关系协定》（RCEP），是基于中国的倡议才得以成立。就不同的宗教、国土面积的大小、各异的政治体制与经济发展状况而言，世界上没有哪个自贸区能具备这种多样性。而在这种多样性中，相互间的宽容有多深，现在就将得到体现。

深圳，大湾区，中国和 RCEP 相互联结，证明世界经济的重心正逐渐向亚洲转移，而中国正在引领这股潮流。如果人们拿一国 GDP 在世界经济中的占比来衡量，就会发现，西方经过一段飞速上升期后已在 1950 年达到了顶峰，之后就开始逐步下滑，从 2000 年开始，这种下滑的势头尤为明显（见图 0-1）。也就是说，我们早已不应对此感到诧异。

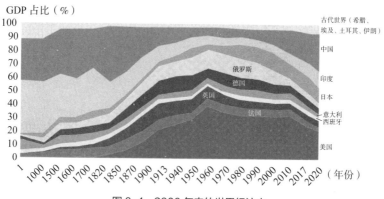

图 0-1　2000 年来的世界经济史

来源：Agnus Madison，世界货币基金组织（IMF）。

西方的衰落与中国的崛起恰好对应。目前，中国对世界经济增长的贡献率达到40%,这还是在一般的年份,而在2020年几乎是100%。并且,没有一个城市能像深圳一样更好地代表2000年以来的这一趋势。

深圳的综合优势在世界上独一无二,这也令这座大都市成为世界的创新实验室、新的硅谷。年轻人在这里大显身手,向着尚未被定义的未来空间开辟一条条宽敞的新路。

尽管这座城市在热情之余还有种种不足,但显而易见的是:谁要是想知道中国的未来乃至世界的未来是什么模样,就应该去看一看深圳。

从许多角度看,深圳都年轻而富有活力。这座城市是40余年前作为经济特区开始建立的。联合国的研究表明,深圳自建成以来发展得非常迅速,在世界历史上都找不出第二个这样的例子。一年之内在深圳拔地而起的高楼,要多过美国十年的数量。如果有必要,中国的建筑工人能在一天之内盖起一层半的楼。这是个不可思议的速度。

事实上,深圳可算得上是最具可持续性的大都市之一。联合国在数年前就曾因为"可持续性和发展之间令人印象深刻的结合"而授予这座城市奖项[1]。深圳是世界新能源出行之都,中国最绿色的城市之一。这里有着最符合可持续发展理念的摩天大楼,甚至骑车人都能在这里找到别的城市没有的东西:一条14千米长的自行车快速路,沿着蜿蜒的海岸,穿过面积广大的公园。这是一个"绿色的地标",美国杂志《福布斯》(Forbes)如是写道。

---

1. 1992年深圳市住宅局获联合国人居荣誉奖。——译者注

而在纽约咨询公司麦肯锡（McKinsey & Company）看来，深圳就是"全世界最具可持续性的城市"。

深圳在另一个层面也相当年轻。它和印度孟买一起，成为全球人口平均年龄最小的大都市：32.5 岁。伦敦人口平均年龄是 35 岁；纽约是 36 岁；柏林和香港则是 43 岁；上海是 46 岁；东京甚至是 48 岁。越来越多的年轻人从中国乃至世界各地奔赴深圳。在日本和欧洲国家，老龄化像达摩克利斯之剑一样悬在经济与社会保障系统上方，但在深圳却见不到老龄化。然而，太年轻难道不也是一种风险吗？众所周知，理性随着年龄一同增长，智慧就更是如此了。

有趣的是，在除了中国西部城市重庆之外，深圳是全世界摄像头数量每十万人平均占有量最多的城市。没有一个地方像深圳一样将面部和语音识别如此广泛地运用到日常生活之中。没有一个地方能更好地用 5G 将数据联网。每个街角都有监控设备。依托监控，可以管理交通、预防犯罪，在监控与安全领域的创新最终汇集到了一个规制完备的社会征信体系之中。

深圳是一个向新鲜事物开放的城市。只要有超前的商业理念、合适的团队，就没有什么能阻挡崛起的道路。近年来，人们也能在这里实现经过努力不懈的奋斗便能获得更好生活的理想。这本是"美国梦"的内涵，但这个梦在它的故乡乃至在整个西方却越来越难以成为现实，因为社会升迁的途径在美国越来越狭窄，在某些领域与地区甚至已经完全闭塞。但深圳不以资本，更不以对辉煌时代的回忆为生，而是仰赖创新、仰赖投向未来的眼光。

前　言

2019年，一共有超过26万项的专利在深圳注册。这是一项全国纪录。同时，经济同比增长6.7%。新潮的平衡车和可折叠的智能手机屏幕，5G和无人机产业，都是在这里发明的。和来自深圳的年轻技术天才们相比，硅谷那些技术垄断企业的创建者们就像是过时的钢铁大亨，尽管他们还穿着运动鞋和T恤衫。当他们为公司找到退路，也就是将之出售给投资人或运作上市时，他们的平均年龄是47岁。而在深圳，人们可以很轻松地把这个年龄再减去15岁。德国也慢慢地认识到了这一点："施韦因富特也在尝试变得更像深圳"，《美因邮报》(Mainpost)也在2020年如是写道[1]。

不是所有的创新都有意义，不是所有的创新都在商业上具有说服力，有些创新甚至会吓退投资人。但在深圳，没有一个想法会太过古怪，没有一项尝试会太过冒险，没有一个念头会太过莽撞。每个人在各处都能参与其中。甚至有不少开发者早已将专利争夺战抛在脑后，不如先争第一，然后致力于更好的市场营销。如果有人照葫芦画瓢，只能说明我这条路走对了；而要是有人超了过去，就说明我自己还做得不够出色。换句话说，这里允许失败，只要能找出失败的原因，然后就能再试一次。

在技术天才的圈子里，这座都市现在就像是田纳西州的孟菲斯：它对全球技术的意义，就如同摇滚乐在20世纪五六十年代对音乐的意义一样。它从硅谷的桎梏中解放出来，也早就摆脱了欧洲的传统主义者。深圳就是技术摇滚。也正因此，这座城市成

---

[1] 施韦因富特，德国巴伐利亚州的城市；《美因邮报》是当地的媒体。——译者注

深圳

了吸引各种人才的磁石。在国际上,深圳还是一座非常中国化的城市,但现在也有越来越多来自世界各地的人们来到深圳。这座城市已经能够吸引国内外的精英,它就是中国各地流动人口的大熔炉。从北方出发飞往深圳需要 3 个多小时,相当于从伦敦到开罗的时间。

海外华人增加了深圳的多样性。那些从国外回来的人,被称为"海归",因为他们像海龟一样,为了"产卵",会回到他们出生的地方。不过有一点区别:海归都是自愿回国,海龟则是被本能驱使。有越来越多的团队从硅谷启程前往中国南方,还带动了外国人。仅在深圳一地,目前就已注册了 94 000 家外企。创业圈活跃、快速而灵动。他们的格言是:"深圳一周,等于世界一月。"等下辈子再睡吧。"深圳速度"已成为中国的商标。

在西方,人们怀着好奇与不适回应着这种发展,不能就如何应对挑战达成一致意见。就深圳问题而言,美国比欧洲更为分裂,尤其是在华为问题上。一方面,特朗普的选民(他们在特朗普下台之后也没有消失)想要不惜一切代价扼杀这个新的竞争对手,将之塑造为"敌人"并向其转嫁自身面临的衰落的责任。另一方面,也有人对深圳感到兴奋。苹果 CEO 蒂姆·库克(Tim Cook)在 2016 年时就已经惊叹,深圳是一座"充满无限活力的城市"。苹果公司在这里开设了第一家研发实验室,谷歌也于 2018 年在这座大都市建立了研发中心。美国新闻机构彭博社认为,"深圳知道未来的走向"。美国旅行杂志《漫旅》(*Travel+Leisure*)毫无妒忌心地承认,"深圳是创新设计的孵化器,是不受任何规矩制约的技术中心,是下一代城市化的实验室,同时也是一座领先的

前言

文化之都。"而对于《纽约客》(*New Yorker*)杂志而言,深圳就是"奇妙的转型与大量令人头晕目眩的发展的象征"。

但这是适合我们的转型吗?这适合德国的社会、价值观和德国人对于未来世界的设想吗?至少对于身处欧洲的我们而言,以速度与创新为目的还远远不够。深圳的这些年轻人是否放弃了他们的(或许还有我们的)自由,只是为了创新?这些发展趋势中,有哪些东西可以成为我们的榜样,又有什么是我们不能照搬的?个人主义与集体主义的平衡、自由与管制的平衡,究竟会迎来怎样的走向?我们可以做些什么,才能不至于完全错过新时代的接口?这些正是本书要探讨的问题。

在第一章中,我们将关注德国明星建筑师奥雷·舍人(Ole Scheeren)。由他设计的一个科技公司的总部大厦,一层面积有两个足球场那么大。我们会遇见张博,他设计了深圳最窄的咖啡馆,只有区区 2.8 米宽。

在第二章中,我们将聆听 X 教授的教诲,他发明了最经济实惠、开发程度最高的自动驾驶技术。我们还要和德国人沃尔夫冈·艾格(Wolfgang Egger)对话,他是比亚迪的设计总监。这家世界第三大新能源车企从电池、设计与联网方面完全重新构思了汽车。

在第三章中,我们将关注荷兰服装设计师乌苏拉·凯伊(Ursula Kay)。她的英国丈夫大卫是音乐家兼 DJ,曾成功杀入英国排行榜的前 30。我们还将认识他们的孩子,这个家庭出于信念留在了深圳,向我们展示了深圳的亚文化有着出乎意料的丰富多彩,但也面临着危机。

在第四章中，我们将直面华为的创始人任正非，以及德国工业4.0的思想先驱德特勒夫·祖尔克（Detlef Zühlke）教授。我们还将自问，我们是否真的需要5G，以及它是否会真的将我们的社会从内部中空化。

在第五章中，我们将研究"晓医"，这是一个有着女孩外表的机器人，它已经通过了极难的中国医师资格考试。我们还会认识语言识别创业公司科大讯飞（iFlytek）的创始人刘庆峰。他相信，我们很快就能像和人说话一样同机器交流。

最后，在第六章中，我们将认识来自齐善食品的周启宇，他受古老的佛家豆制品斋饭制法的启发，为全球的巨大市场开发了不含肉类的高科技食物，让世界向着实现气候目标又迈近了一步。我们还将探访一家餐厅，这里的机器人员工不仅会服务，还能在没有人类的指点下烹饪复杂的中式传统菜肴。

在所有章节中，我们都将看到，创新不再是一条自西向东的单行道，我们从现在起就应当预料到会有更加繁忙的对向交通。我们必须承认，来自深圳的公司已经成为我们无法忽视的竞争对手，我们必须严肃对待并做出回应。我们必须接受，我们无法简单地脱钩，而是在经济、科技与政治上越来越紧密地互相结合在一起。这在今天这个数字化时代越发如此。如果考虑到大众集团（Volkswagen）有45%的车销往了中国市场，人们甚至可以说，这是一种依赖关系。因此，我们必须学会适应如下情况：一个与我们在经济上有着千丝万缕的联系的国家，其政治上的行动方式虽然在诸多方面都不符合我们的观念，但与过去不同，我们已经不再能强迫这个国家按照我们的想法去行动。

前　言

若要回答"该如何应对这个竞争对手、如何重新站稳脚跟"等问题，我们只需带着好奇与开放的心态面对中国的成功，就能找到答案。我们只需自问，能从在这里产生的动力中学到些什么，其中又有哪些适合再度增强我们的社会，而不至于放弃我们的价值，尤其是从相对弱势的地位出发。美国和欧洲必须回想起它们的强项，同时还应当找出那些它们可重新赢回优势的领域。面对未来的开放眼光是有助益的，污名化和妖魔化并不能让我们前进半步，更遑论制裁了。

在深圳，我们可以像在放大镜下一样来观察中国的矛盾与潜能。没有一个城市既有如此严格的纪律又如此不羁，如此饱含热带的绿色却又像钢铁一般坚硬，如此乡土又如此未来，如此注重可持续又如此沉迷于挥霍，如此凉爽又如此炎热。它是骨干，也是新锐。

但它是否也对我们意味着些什么？

弗兰克·泽林

目 录
▼

第一章　设计未来之城 ……………………………………… **001**
　　蓬勃发展的城中村 ……………………………………008
　　新中产的绿色思维 ……………………………………016
　　"人工生态"和21/53/80公式 …………………………019
　　地产大鳄与生活质量数据 ……………………………023
　　奥雷·舍人的梦想 ……………………………………025
　　从德式薄饼到乔治·卢卡斯 …………………………034
　　按照想要的规划，再摸索可行之道 …………………040

第二章　智能出行平民化 …………………………………… **045**
　　出行革命 ………………………………………………050
　　自动驾驶去买菜 ………………………………………056
　　自动驾驶界的微软 ……………………………………060
　　自动飞行 ………………………………………………065
　　一个德国人要"超越你的梦想" ………………………066
　　不会引发爆炸伤害的电池 ……………………………072
　　想到了，做到了，成功了 ……………………………077
　　"要是我们自己也能行，我倒也不会伤心" …………080

XV

当电动巴士悄声驶过 ·················· 085
　　当人脸识别亮起红灯 ·················· 089

第三章　亚文化与中式自由 ················ **093**
　　中式自由 ···························· 101
　　时尚，蒙特梭利和漫漫长夜 ············ 104
　　快闪派对和文化工厂 ·················· 109
　　宁要模拟器，不要奥威尔？ ············ 113
　　OIL俱乐部中的漫画女孩 ··············· 117
　　滑板骑墙和街头涂鸦 ·················· 120

第四章　全球掀起5G风波 ·················· **127**
　　改变他生命的那一天 ·················· 135
　　国家的棋子 ·························· 137
　　艰难的崛起 ·························· 141
　　美国的攻击 ·························· 146
　　不惜动用各种手段打压 ················ 150
　　崛起的迷狂与衰落的痛楚 ·············· 157
　　进退两难的德国人 ···················· 161
　　德国周日的夜晚 ······················ 164
　　思想先驱、智慧工厂和工业4.0 ········· 168
　　产业界立场明确 ······················ 173
　　德国内政深处的华为 ·················· 176
　　施压引发更大的抵触 ·················· 182
　　德国的妥协 ·························· 185

	欧洲的态度	187
	渴望创新	190

第五章　享受机器人的服务 … **199**

- 飞向世界？ … 203
- 机器人——危机中可独当一面的好帮手 … 209
- "请您咨询医生或您的机器人" … 212
- 说中文的软件 … 214
- 当边界开始流动 … 218
- 四个中国人和一片黑森林 … 219
- 和厨师不同，机器人从不会恋爱 … 226

第六章　科技素食引领新"食"尚 … **231**

- 科技素食 … 237
- 无肉去中国 … 243
- 植物基肉——风投资本的新浪潮 … 246
- 传统造就领先 … 248
- 从一场化学流行病到德国小熊糖 … 250
- 植物猪肉末和3D打印的骨头 … 253
- "假肉"还是"让美国再次健康" … 257

展　望 … 263
致　谢 … 271
译后记 … 273

第一章

设计未来之城

在这里尝试与定义未来的方式,在全世界都是独一无二的。

——奥雷·舍人,德国明星建筑师

吴霞的丈夫在一块木板上铺了一层薄薄的的铁板,把它从外面钉在桌子的边缘。在木板中间有一口巨大的铁锅,分了好几格,里面沸腾地煮着各种不同的食物。在锅边有一根长杆带着挂钩悬在桌子顶上,里面挂着一只厚重的白炽灯泡,接着插头的电线垂落下来,旁边有几副筷子、瓷勺和一叠五颜六色的碗盘。这就是产自中国、可以到处摆的厨房。客人们围坐在桌边绿色的小板凳上,架上三张折叠桌就成了一家露天小饭馆。一位还穿着办公室套装的女士喝了一碗番茄蛋汤,脚边的地上搁着几个购物袋。她的耳朵里挂着 Airpods 耳机,正在和人通话。

"日子不好过啊",吴霞看着我说。她的头发扎成了马尾,穿着一件紧身 T 恤衫。"但我们还是能存下一点儿钱。"她、丈夫和他们 4 岁的女儿住在餐馆后面一层的一个小屋子里。与其说是餐馆,其实比小吃店大不了多少。不过,他们好歹有空调和小小的浴室。整个空间被一张床和墙上的一台大电视所占据,一家三口就挤在这张床上。"我们用不着厨房",她咧嘴笑着说。吴霞看上去很自豪,却同时露出倦意。她的丈夫在一家童车厂工作。总有一天,他们会一起回到故乡贵州,在那里盖一栋自己的小楼,然后她还要开一家服装店。现在,他们就好像生活在一个巨型城市的乡村里。

目前,这还是深圳这个大都市的一部分。村落般的城区,里面的狭窄街巷,还有最高六层的老楼。这些地方还没有被深圳的钢筋混凝土大厦的外立面给驱赶走,却已经被包围隔离了起来。中国人管这儿叫"城中村"。深圳最大的城中村叫作白石洲,名字大约是"白色石头的小岛"的意思。白石洲毗邻深圳新的中央商务区和深圳湾,据官方统计有 83 000 人在这里登记过,但民间估计大约有 150 000 人。白石洲实在是望不到边际。并且,连官方媒体也估计,这里的人口稠密度是城内其他地区的 20 倍。150 000 人,几乎等于雷格斯堡的居民总数。

这里的居民楼不如法国南部或意大利那样美丽而古老,却有着广东小城独有的近乎南洋的魅力。我很喜欢穿行其中。头顶上纵横着电线,放眼望去,是一片深浅各异的灰色。从一层到四层的窗户都装着栅栏,空调外机日夜不停地嗡嗡作响,滴答着流下水珠。泛着锈迹的下水管就在墙外。虽然不好看,但是更方便修理,而且在亚热带的深圳也不用担心水管会冻上。为什么要费力气去装饰管道呢?

在房屋各处,人们都能看见黑色的潮印。这里雨季尤长,返潮是几乎不可避免的。因此，屋子里面时常有发霉的气味，外面则能闻到污水和新鲜食物的味道。

楼与楼之间的长杆上晾晒着洗过的衣服，晾衣竿在狭窄的街巷里几乎要碰到对面的邻居。人们互相认识。他们管这样的建筑叫作"握手楼"：巷子如此之窄，住在楼上的人们打开窗子就可以互相握手。一楼的墙上贴着老旧的瓷砖，早已无法清洁。垃圾在垃圾桶里躺的时间太长，在这种天气下本来不该如此。窗户关不严实，就算有自家的厕所，也总是堵。墙上有一块块灰绿色的霉斑；霓虹灯管闪烁着，灯光不暖，冰冷而清亮。偶尔也会霎时间就漆黑一片：保险盒又跳闸了。

如果待在屋子里不那么舒服，而傍晚的一阵微风又恰好吹过小巷时，人们在下班后就会聚在各自门前。这里到处都有小卖部或摆放着彩色塑料椅的小餐馆。夜晚的桌上总是立满了绿色的啤酒瓶，后面还有几条活鱼，鱼鳍扑腾着把水溅到街上，好像是要在餐馆老板娘把它们捞起之前逃跑。老板娘穿着胶鞋、围着塑料围裙，把鱼放到木质的砧板上，手起刀落剁下了鱼头。鱼就这样不去鳞不剔骨，被分切成几块，又裹上了淀粉。

人们在这里大声说话，心情愉悦。大家时而争论，时而抽烟、喝酒以及一起吃饭。几位老人围坐一圈打着麻将。以前，他们坐在藤椅上，现在则是蓝绿色、可折叠，价格也更实惠的迪卡侬的露营椅。这个来自法国、是全球大品牌之一的户外运动品牌，在"隔壁"的香港一下子开了五家分店，不仅如此，商品也可以在线上选购。小贩推着车，叫卖着热气腾腾的蒸饺，后面是东西堆得满满当当的杂货店。店主舒服地躺在一张木质的躺椅上,轻轻地打着鼾。孩子们在玩一辆老旧的婴儿车,把它改造成了一个肥皂箱。一位父亲朝他们喊着,要他们当心。此时,他坐在板凳上,T恤衫的下摆卷起,一只手里夹着烟,另一只手则拿着手机,上面正在播放短视频。他还跷着二郎腿,一动不动。一年的大多数时候,这儿的人们都脚踩一双人字拖,穿着短衫短裤;12月和1月的晚上得披一件夹克,但除此之外,大家都抱怨天气太热。

在这座不断蓬勃发展的城市中,正是白石洲这样的城中村给文艺青年、学生、搞技术的年轻人,尤其是社会中的弱势群体提供了一处栖身之所。这不仅仅是价格低廉的住处,更重要的是有相识多年的邻居街坊、小集体、近道,以及那种温暖的安全感。不管摩天大楼再怎么实用、再怎么现代,这种安全感都早已不复存在。这个地方是留给那些刚刚踏入深圳这座过山车的人们,或者是那些不习惯过山车速度的人们的。城中村就像是一条奔涌大河中的平缓支流。"城中村就像一块海绵,吸纳了所有这些人",48岁的建筑师与城市规划师段鹏如是说道。他已在深圳生活了20年,用相机记录了城中村的变迁。段鹏说:"城中村用自治的方式照顾着那些弱势群体。第一次穿过白石洲的时候,它让我回想起了小时候这些小街小巷,以及街区里的这种人情味。""如果没有人们负担得起的住宅,深圳的发展就会戛然而止。"他警告说。"那些在小微创业公司、在技术企业和设计事务所工作的人们,就住在白石洲这样的住房。"那些初来乍到、想在大城市碰一碰运气的人,都会选这里作为落脚点。甚至连美国杂志《外交政策》(*Foreign Policy*)也认为,白石洲的这片城区就是"才华的孵化器",就像是20世纪60年代的纽约Soho。只不过，这里是多层的住宅小楼而非厂房。

一个像深圳一样的城市需要多少城中村，又需要多少人们负担得起的住房才能让城市变得宜居？这些问题，很早就掀起过一场公开的辩论。就像是在柏林、慕尼黑等地方一样。人们用高雅的说法将之称为"士绅化"（Gentrifizierung）。然而事实上，这关乎了人们对于生活质量的不同观念。尤其是这个问题，即"居住"这件事上，自由市场的力量是否是唯一的标准，是否应当让最有钱的人来做决定。

深圳还有不少城中村，约占城市总面积的10%，但是在大幅缩减。在有些地方，城市在一条街的两端呈现出两副完全不同的面孔。我从一条小巷出来，立刻就站在玻璃与钢铁建起的高墙面前，而且让我几乎一眼望不到顶。它也有自己的美。夺人眼球，那是肯定的。至少，它在亚热带的酷热中投下了祛暑的阴影，下行风在高墙之间的"深谷"中呼啸。这就是新深圳。

联合国在一项调查中发现，世界历史上没有一座城市比深圳发展得更为迅猛。在过去40年中，深圳从白手起家到今天拥有约1 800万人口，而纽约在20世纪的前60年才从近400万人口增长到800万人口。一年之内在深圳拔地而起的高楼，要多过美国十年的数量。每年还要新增100万平方米的办公面积。因此，城市化带来的一切问题，在这里都可以像在放大镜下一样观察。这些问题不仅出现在中国，也同样困扰着世界。因为越来越多的人从农村涌向城市，而亚洲和欧洲的大都市发展速度最快。深圳面临着巨大的压力，必须找出解决之道；它的答卷会给我们指明方向，还是仅仅是权宜之计？这将是个值得关注的问题，不仅深圳如此，对全球来说亦是如此。

争论始于对深圳实际居住人数的不同估算。根据官方数据，深圳已有超过 1 300 万登记在册的居民。但连国家级媒体新华社，都认为深圳的居民总数已达 2 000 万。新华社依据的不是派出所的登记数量，而是手机。2017 年，中国移动就宣布，在深圳居住着 2 180 万人，他们每月有超过 23 天、每天有超过 10 小时的时间在深圳生活。不仅如此，如果看一看城市垃圾，人们也会得出相似的结论：有着超过 2 000 万常住人口的北京每天产生 2.6 万吨生活垃圾，深圳则是 2.8 万吨。这就意味着，把深圳描述为一个 2 000 万人口的大都会，应当是八九不离十了。

蓬勃发展的城中村

即便放眼全世界，新深圳也新得很。但老深圳，以及白石洲这样的城中村却并不如人们想象的那么老。不少地方的建筑都建于 20 世纪 80 年代，有些甚至是 90 年代。只有很少一些建筑是 20 世纪六七十年代的产物，人们偶尔才会遇见一座更老的房子。不过，这里能够找到的人类活动的最早痕迹——陶片，倒是已经有 7 000 年的历史。汉朝时，这里的居民享有特许的制盐权，受到皇帝的特殊保护。然而随后，这座城市就在漫长的历史中被逐渐遗忘。

深圳的新时代是从一个看似退步的决定开始的。1982 年，深圳出台了《深圳经济特区土地管理暂行规定》。许多干部初次听闻"改革开放"的思想时，都以为这是一个错误的选择。尤其令不少干部沮丧的是，居然要沿用英国人的土地权体系，那可是盘踞香港的殖民者使用的啊，但一切反对都无济于事。中国必须超越自身的阴影，深圳，就叫特区吧。

1980年8月26日，深圳成了中国四大经济特区之一。香港的鞋包商郑可明是第一个在深圳开厂的人，其他人迅速跟进。对于许多香港人及之后的西方企业家而言，深圳是一个生产成本很低的城市，香港已经太贵了。而对于许多中国人而言，深圳是一个企业家能快速赚大钱的城市。涌向深圳的人如此之多，以至于1982年在深圳和中国其他地区之间建起了一道"二关线"，直到2010年才取消。

由于深圳要变成私营企业之城，问题很快就来了：土地归谁所有？为了回答这个问题，可以看一看香港的做法。当年，香港仍被英国占领。在大不列颠，通行的情况是，一座私人住宅所处的宅基地不属于房主而属于国家，他只是向国家租用了一长段时间——通常是70年。租约到期后，一般还会续约，但国家却始终保留了收回土地的可能性。而国家一旦收回，这块土地上的房屋就必须拆除。

在新兴的经济特区，新的建筑工程正在国有土地上如火如荼地推进；但特区范围内的许多村庄，却还在很长一段时间内遵循着特殊的框架条件。国家允许当地政府将农业用地转变为住宅用地，一些农户察觉到现在的政策对自己也有利可图。于是，他们自己动手，盖起了住宅小楼，虽然通常都是违规建筑，却能够租上个好价钱。城市政府对此睁一只眼闭一只眼，因为这些自建房

深圳

为诸多被珠三角经济增长所吸引的外来人口提供了住所。正如 20 世纪 60 年代的德国，是客籍劳工（Gastarbeiter）[1]促成了经济奇迹。

深圳对劳动力的需求越来越大。楼盖得更高，面积也扩得更大。大多数自建房最后都过户给了农民，其他的则不得不被拆除。但深圳不能止步于做中国的工厂，还要成为服务中心，服务于那些在凉爽的办公室而非燥热的工厂中工作的白领。因此，自 20 世纪 90 年代后期起，城中村便越来越成为市政管理部门眼中这个蓬勃发展的现代都市的"脓疮"。先前，这些村子推动了城市的发展，可现在却像是给建设速度踩下了刹车。村子在字面意义上挡了道。单是为了找到并拆除"违建"，市政府每年就要花费近百万欧元。

而随着时间的流逝，政府才慢慢开始学着理解这些村子的价值。他们的理解是不得已而为之的，也没有达到那些想要保护村落的人所期望的程度。但无论如何，自 2015 年起，在深圳有了一项与之相关的旧城改造方案。这些村庄的一部分将在城市中得到保留和修缮。同时，房价被规定了上限，且本地人不能被赶出去，不能像在柏林的普兰茨劳尔贝格区发生的事件那样。市政府限制了"士绅化"，想要构造一种由老城居民与那些在快速发展的行业工作的年轻新深圳人所形成的可以接受的混合，但是城中村的大多数居民却不满足于此。

---

1. "客籍劳工"是指在 20 世纪五六十年代由东南欧及土耳其前往西德工作的劳动者。——译者注

第一章　设计未来之城

反过来，市政府也面临着问题：快速发展的大都市需要足够的工作岗位与住宅。据英语媒体《深圳日报》(Shenzhen Daily)报道，仅在2018年就有50万人迁入深圳。这在正常的一年中简直不可思议。这座城市在2000年就已经比1979年预期的规划大了整整20倍。要应对这种增长，只能用迅速拔地而起的摩天大楼，而不是古怪的小村子。因此，建造速度不断提高，之前建一层楼要花上3天，现在只需要一天半。

2019年6月末，终于轮到了白石洲。红色的"拆"字写在家家户户的外墙。相关的讨论始于2015年。整个区域都要被拆掉，为新的商业区腾出空间。在原先45.9万平方米的土地上要建造360万平方米的办公场所与住宅。

绿景集团在港交所上市，市值大约折合160亿美元。只有17%的股票被散户持有。绿景集团的董事局主席叫黄敬舒，刚过40岁，看上去非常亲切。她那一头及肩黑发有些微卷，皮肤很白，抹着红色的唇彩，偏爱精致而宽大的夹克，这一切让她看上去完全就是香港地产精英的典型代表，属于世界上最成功的那一批人。而她也有着香港人看深圳时的那种惯常视角。她认为，人们应当感谢她这样的企业家让深圳变成了一座更美的城市。当然，她的表述更加高雅："我们将城市更新的纲领看作社会改革的一种形式。"

"白石洲会被看作城市改造的模板，因为其面积，因为在这里居住的人们参与项目的方式，也因为开发的复杂程度。"黄敬舒说。不过，她当时也要赚一些钱。整个项目共包括358万平方米，将分三个阶段在8至10年完成。

我想要知道她的集团培养的是怎样一种企业文化。她在一次演讲中说，她的员工都是"我们公司最珍贵的源泉和基础""我们内部的文化是营造快乐。我们要创造一种让员工感到幸福的环境。这体现在了他们的工作热情上，而他们也会因此得到适当的嘉奖。"

那她个人的管理风格呢？

"善于理解、宽容，但坚持。我认为只要有意愿，就能有办法。"黄敬舒有意愿，也需要这种意愿。因为白石洲的项目并不简单。她在2014年就联合财团赢得了竞标，但直到2021年初，什么也没有完工。这对于中国速度而言并不寻常。集团的股价也反映出其面临的困难。2013年到2015年中，绿景的股价翻了超过4番，但随后就跌了三分之一，之后就一直震荡下跌，尽管绿景持有的土地还能建4.4万套100平方米的住宅。投资人心存疑虑，原因是：要实现建筑计划越来越困难，因此企业的盈利也在下降。

在这个新时代，像白石洲这种城区中的居民运用起自己的小小力量来越来越娴熟，这让黄敬舒很难适应。而且，政治必须有意地更多顾及社会的呼声。深圳市教育局做了回应，在2019年8月承认考虑不周，承诺要为受影响的群体提供帮助。拆除工作暂停了数月，政府协助家长为孩子们寻找新的学校，并要求地产公司为孩子们提供从新家前往各自学校的校车。《环球时报》在网上发布的图片，激不起对新城市的热望。一大家子拎着桶、盆栽和几件家具，伤感地蹲在大街上，身后就是他们曾经的家。一位缝制窗帘的女工，在自家的小店里陪着7岁的儿子吃西瓜。一个带着3个孩子的母亲，正在家里做着晚餐，她已经怀上了第四个孩子。只有一张图展现了兴奋的孩子站在新城模型前面。看上

第一章 设计未来之城

去,好像一切都在好转。

令人惊讶的是:尽管租户和房主离开了他们原先栖身的城区,但大多数深圳人却并不打算转身离去。70%的人希望留在这座城市,在别的地方找个新家;只有28%的人要离开深圳。这是深圳大学一项抽样调查问卷的结果,有上千位白石洲的居民参与了调查。对于大多数人而言,从城市的蓬勃发展中分一杯羹的机会,要大于淹没其中的恐惧,但问题是他们究竟能分到多少。仅仅是住房市场的压力,现在就已经够大了。而且,又由于越来越多的人源源不断地涌入深圳,房价很快就被推了上去。

就天文数字般的房价而言,深圳紧跟着香港。深圳的住房均价大约6 500美元/平方米,而人均GDP刚刚达到25 000美元。这就意味着,工作一年不吃不喝,只能买下3.8平方米的房子。慕尼黑的房价虽然高达8 700欧元/平方米,但人均GDP达到81 000欧元,这样人们一年至少还能买下差不多10平方米。而在香港,却只能买2.5平方米(19 000欧元每平方米的房价,人均GDP接近48 000欧元)。

从简单几组数据就能看出,深圳面临的是何等压力。情况比慕尼黑糟糕得多,但还没有像香港那样糟。这是因为香港的经济陷入停滞,而深圳的GDP在2019年增长了6.7%,即便2020年全年在新冠肺炎[1]疫情的影响下也实现了3.1%的增长,比世界上任何一个大城市都要高。不过,房价发展趋势依旧令人喘不过

---

1. 中国国家卫生健康委于2022年12月28日宣布,将新型冠状病毒肺炎更名为新型冠状病毒感染。本书中的相关表述均与原德文保持一致。——译者注

气。在创纪录的 2015 年，房价暴涨近 50%，而在 2019 年 8 月的那个周末，当中央政府宣布要将深圳建设成为国家自主创新示范区之后，房价相比前一个周末猛涨了 10%。中国社科院的统计数据显示，哪怕是在新冠之年，尽管有 25% 的写字楼空置着，租金也有小幅下降，深圳的房价也蹿升了 23%。这种组合意味着市场上有不少炒房客。然而，深圳房市却不太可能产生真正的泡沫然后破裂，因为市政府总是会在最后一刻出手。因此，深圳房价虽然贵，但显然还是一座对中国人极富吸引力的城市。

2021 年 2 月，许多租户长久为之奋斗的规定终于落地[1]。租户与房主将逐步享有同等的社会权利，如在子女入学的问题上。而且，对房东的监管会更加严格，他们要以合理的价格出租更多的住房。因此，会有更多的土地被限定于建设社会保障用房。到 2021 年初，深圳共建设了 8 万套保障性住房。这样一来，全市一共就有接近 40 万套保障性住房。数量不少，但仍不够。

中共中央政治局在 2020 年 7 月末再次清晰地强调，"房子是用来住的，不是用来炒的"。房地产最多是一种长期的投资，而不是一种在短期内刺激经济的手段。2020 年 12 月，一年一度的中央经济工作会议把提供更多的可负担的租赁住房列为八项工作重点之一。

对于深圳这座 IT 之都的政府而言，规范房地产市场要更简单一些，因为他们的财政收入并不像其他城市一样如此严重地依

---

1. 即深圳市住房和建设局关于公开征求《关于进一步促进我市住房租赁市场平稳健康发展的若干措施（征求意见稿）》意见的通告。——译者注

赖卖地。省会广州的财政收入有很大一部分来源于土地出让金。香港至少也有20%，但深圳只有10%。

不过在深圳，解决好住房问题显得尤为重要。这也是为何深圳市要在2035年之前再建100万套市民负担得起的住宅的原因。这些房源不仅是为低收入群体考虑的，更是特别提供给那些初入创新行业的人的。深圳要用平价住宅吸引来自全国乃至世界各地的技术青年。单是为此，市政府就需要34平方千米的土地。而且，60%的新房要作为保障住房，重新回到人们付得起的价格。房源要按照比例分配[1]：三分之一提供给青年技术人才，三分之一给那些在低收入行业支撑社会运行的人，三分之一则留给那些不得不在自由劳动力市场从事低收入工作勉强度日的人。

但这一新政也遭到了批评。曾任深圳市副市长的张思平公开批评，近800万没有在深圳本地落户的外来人口无法享受到政策优惠。"这是一个已经困扰了我们20年的问题"，张思平说。这个问题必须解决，"不管会遇到什么阻力"。这一论断的背景是，涌入城中村的主要是来自偏远省份的流动人口。根据户籍管理体系，他们被归为"外来务工人员"，户口依旧在原籍，也就无法享受市政府提供的保障和福利。

但新迁来的人却完全不同，因为他们要引领城市更进一步向前发展。在深圳，最为重要的就是创新。越是创新，就越能期待从国家获得更多的支持。市里给出了能继续帮助深圳进步的职业列表。从事这些职业的人们也就可以在保障住房的比例分配中获

---

1. 即深圳"二次房改"中的人才房、公租房和安居房。——译者注

益。但城市的蓬勃发展离不开廉价劳动力。那些在此之前为深圳做出决定性的贡献、构成劳动力储备的人们，尽管有比例制度，却依旧很有可能吃亏。也就是说，吃亏的恰恰是那些替创新者做饭或从事修洗衣机的人。

2021年2月公开的意见稿虽然想要改变这种状况，但人们还得等待市政府规定的具体细则。虽然方向没错，但因措施、力度远远不够，所带来的危险依旧很大。而且，创新者呼吸的空气也越来越稀薄。这是因为：一方面，不断上涨的房价昭示着城市的成功；另一方面，高房价也在压缩着住户们施展才华、保持创新性的空间。

新中产的绿色思维

与此同时，城市管理者还要担心发展带来的其他后果。交通是一个问题，居民丢弃的垃圾是另一个问题。尤其是在城中村。城中村的卫生条件越好，就越有可能可持续性地得到保留。因此，正如市政府所强调的，深圳建的全世界最大的垃圾焚烧发电厂[1]，对于城市生活质量有着重要意义。该厂由一家丹麦建筑设计事务所和来自斯图加特的施莱希工程设计咨询公司（Schlaich Bergmann Partner）共同开发。深圳有近2 000万人口，日均产生2.8万吨垃圾，年均增长量达到7%。当一切于1979年开始时，每天只有50吨垃圾，人们就简单地堆在那里，或是倒进海

---

1. 即深圳东部环保电厂。——译者注

第一章 设计未来之城

里。如今,这座投资 5 600 万美元的垃圾焚烧厂能够处理深圳三分之一的垃圾。更准确地说,这是一座垃圾发电厂。用每天的近 9 000 吨垃圾——它们大概很快就会全部由新能源车辆运来,一年生产的能源可供约 18 万户家庭使用。

这座垃圾发电厂还有 4.4 万平方米的太阳能光伏板,占了房顶总面积的三分之二。此外,这里还将举办关于垃圾的多媒体教育展。然而,尽管这一切那么美好、那么具有典范性,但这座电厂还是备受争议。人们担心,这家电厂还不够环保,在焚烧时会释放出有毒气体并污染空气。

从这个角度也能看出,深圳变得越来越现代;而人们观念变化之快,也着实令人惊讶。李芝轩(音译)女士是一位家庭主妇,已有孩子,是这场反对者口中的"邻避[1]运动"(NIMBY)的发言人之一。"这不仅仅是邻避!这不仅关系到从我们家门口开过的臭气熏天的垃圾车,或者是这样一座垃圾发电厂将会产生的腐臭气味。还有许多影响更广的问题藏在背后。比如,深圳的一处饮用水水源地就离这里只有 1 000 米",李女士为自己辩护说。她的刘海低得快盖住了眼睛,就像是《时尚》(*Vogue*)杂志永远的主编安娜·温图尔(Anna Wintour)[2]那样。只不过,她的头发一直垂到了手肘。她的着装搭配着宽大的纽扣,有大片的蓝色、红

---

1. "邻避"一词源自英语"别在我后院"(Not In My Back Yard)的首字母缩写,指居民出于担心本对社会有益的项目因选址离其住所太近而产生的抵触情绪及由此引发的集体诉求。——译者注
2. 安娜·温图尔(1949—),出生于英国,美国时尚界领军人物,电影《穿普拉达的女王》(*The Devil Wears Prada*)原型。——译者注

色和白色，几乎让人想起皮埃·蒙德里安（Piet Mondrian）[1]。她还挎着一只棕色的大号设计师提包。可以说，她看起来不怎么像环保人士，更多的是像不可阻挡的新中产阶级中那些自信的代表，"运营方总是说电厂符合标准，但这并不意味着就没有污染"。

对此，垃圾厂的发言人张日刚倒也不置可否，但是"市政府始终在监测我们的数值。一旦过高，我就立刻会收到一条短信提醒。"除此之外，他表示技术标准也相当高，"人们都说，德国有最高的垃圾焚烧标准。我坚信：咱们这家处理厂的标准还要更好。"

2020年10月，深圳市政府的一项新规生效[2]，当更强的环境保护有利于广大群众时，应增强环保组织、政府机构和人民检察院的权限。非政府组织首次可以不以个人身份作为原告提起公益诉讼，此外诉讼费用也可以合法地由基金会或社会捐款支付。

市政府借这项新规踏入了全新的领域。"这是一个试点项目，希望之后能影响全国性的立法。"深圳德衡律师事务所专事环境诉讼的廖名宗律师表示。新规包括了空气污染、水土流失、水与海洋污染、植被破坏，以及威胁、伤害乃至杀害野生动物等行为。

国家为什么要这样做？答案显而易见：因为环境污染给国家造成的经济损失太大，因此，国家在这一领域给民众留下了纠错的可能。但是情况其实还要更好一些：新规还降低了诉讼的经济

---

1. 皮埃·蒙德里安（1872—1944），荷兰抽象派画家，善用大色块的几何图形，开创"新造型主义"。——译者注
2. 即《深圳经济特区生态环境公益诉讼规定》。——译者注

第一章 设计未来之城

风险。法院现在可以降低诉讼费用,或者在非政府组织作为原告败诉的情况下免除其诉讼费。当然,人们还得静候这项规定在日常生活中的实施情况,但这已经是向着正确的方向迈出的一大步。甚至可以说,这是自 2015 年《环境保护法》在全国范围内生效之后迈出的一大步。在深圳发展起来的不仅是高楼大厦,更有人文社会及生态环保。或许其规模不如人们期待的那样,然而方向确实是正确的。深圳市政府足够聪明地意识到,他们无法阻挡这一趋势,因为市民越来越自信。这不是什么可以倒回去的事情。在写字楼里工作的人们还考虑更大程度上的环境关联。如同世界上的每一个城市一样,经济增长的同时不可能不产生新价值。人们想要将其关于生活质量的理念付诸实施的愿望,会更强烈,仅此而已。

"人工生态"和 21/53/80 公式

这并不意味着深圳的改造将会停滞。白石洲甚至还不是深圳最大胆的市政规划项目。在毗邻深港边界的罗湖,还有一片当地的街区将被拆除,并根据 21/53/80 的公式重建:21 座摩天大厦,每座至少有 53 层或 80 层。它们虽然并不会成为最高的建筑——这里现在就耸立着 45 座超过 200 米高的大楼,但这片街区将会成为全中国高楼密度最大的地方。然后,水果摊、豆浆店、钟点房、小饭馆和修鞋铺,都将会统统消失不见。

这一切也适用于另一个地块:湖贝。"这片街区的根基、历史渊源,是一个典型的粤式村落所具有的。"纽约人类学家马立

深圳

安(Mary Ann O'Donnell)解释道。她自20世纪90年代中期起就住在深圳,开办了博客"深圳笔记"("Shenzhen Noted")。从几年前起,这里的居民、设计师、建筑师和艺术家就开始为保留这片建筑而斗争。正是因为湖贝,深圳才有了第一场详尽的关于文物保护、城市规划的价值与目的以及公众参与的大讨论。甚至当地媒体也参与了辩论。"市民社会的建议确实起到了作用。"马立安说。古村落的一部分得以保留。在她看来,这很重要。"这个村子有着数百年极为鲜活的历史,它始建于1466年。当时,张氏家族的第十二祖的三子张怀月从福建迁来湖贝。他的嫡系后人一直在此居住到17世纪中期。"

更准确地说,直到1662年。在先前的那一年,新建立的清朝的第一位皇帝顺治实施海禁,让中国倒退了数十年[1]。这一禁令也是为了回应欧洲人的扩展,而颁布禁令的恰恰是一位相当开放地接受欧洲影响的皇帝。他允许在北京建立一座天主教堂,甚至请德国耶稣会士汤若望(Adam Schall von Bell)进宫为己出谋划策,还封他为太子太傅。但在海禁与迁海令下,所有坐落在海边的村落都必须内迁,湖贝村也就这样被毁掉了。但20年后,继位顺治的康熙取消了禁令,人们终于可以重回湖贝。只是被损毁的怀月张公祠直到1804年方才重修。现在,祠堂和村落的核心区域都将得到保留。

---

1. 更准确地说,顺治十二年(1655年)即已下令"无许片帆入海",顺治十八年(1661年),清廷为封锁退守台湾的郑成功,再下"迁海令""令滨海民悉徙内地五十里,以绝接济台湾之患"。张氏家族也是在此过程中不得不离开湖贝。——译者注

第一章 设计未来之城

文物保护的支持者们为了保存城市中的古村落而四处奔走。然而，他们的工作并不轻松，因为有一些新的建筑项目确实非常吸引人。深圳的新建筑算得上是全世界最美丽也最宜居的了。许多新建设的公园同样对城市的生活品质有很大贡献。例如，深圳湾沿岸的整片海岸由诸多公园与自然保护区连接而成，绵延近15千米，从西面的南山区一直延续到东边的福田区。今天，人们可以骑着车，沿着海边从一个区到另一个区，连一条机动车道都不必穿越。

宽阔的大道在一排排高楼之间穿过，洋溢着绿色，富有亚热带风情，不时地让人想起迈阿密，只是海水却完全不能与迈阿密的相比。但如果年轻的开发者突然改变主意，想要在刚刚建立了一座高科技中心的海南岛上生活，因为那里的海水像夏威夷一样美，那么深圳的水质问题肯定也会有一些改变。

不过，这么多的公园已经可以作为榜样，但市政府早已不满足于此。现在的工作重点是将建筑也向自然开放。"我们西方人现在可以向深圳或者说中国学很多东西。"卡洛·拉蒂（Carlo Ratti）如是说道。他是建筑学家、工程师，也是全世界城市空间创新建筑领域首屈一指的专家。他50多岁，身形瘦削，留着一头微微泛灰的金红色短发，戴着一副银色的圆形眼镜，演讲的主题是"人工生态"。这个谦逊的男人同时有着一种叫人难以置信的能量，他于2001年在剑桥大学获得建筑学博士学位。自2002年起，他领导着麻省理工学院"可感知城市实验室"（Senseable City Lab），这一研究机构致力于探索数字科技如何改变人类在城市中的生活等问题。此外，拉蒂还执掌位于美国纽约和意大利都灵的"卡洛·拉蒂及合伙人"设计与创新事务所。他的作品曾参与威尼斯双年展,并在伦敦科学博物馆、旧金山湾区艺术基金会和纽约现代艺术博物馆展出。拉蒂还是2019—2020年度深港城市/建筑双年展的策展人,这是全世界观众人数最多的建筑展览。

"科技与自然难道不是一对矛盾吗?"我想知道。

"不,完全不是。"拉蒂认为,城市在20世纪进入了自然,但郊区开始常常出现"没有令人信服的结果、建筑风格单一而乏味、自然遭到破坏"的情况。但在21世纪伊始,深圳以及其他新城或正在改造的城市却出现了完全不同的情况。"现在的重点,是把自然重新带回城市和建筑之中。"

"可是这也发生在西方国家。"我插话说。

"但西方缺乏高科技的因素,"拉蒂说,"借助现代科技,我们能够以先前不曾设想的广度收集关于我们城市环境的信息。"

这一点无法轻易否认。我还能清晰地回想起北京曾经出现过的抗议空气污染的运动。当人们能够随时利用手机App监测城市中的空气质量时,他们的不满就不再是无关紧要的了。"人们显然可以在这个方向上想得更远。"拉蒂也这么看。的确,在深圳这样一个完全建成5G网络的城市中,确实可以随时随地测量周围的城市生活质量,如城市的升温,或者公共空间是否阻碍了通风。人们可以监测噪声分贝、空气含氧量、空气湿度,以及大楼空气循环的频率。建筑本身也在传递信息,例如外墙保温做得如何,或者其耗能是否高于产生的能量。"这些信息,"拉蒂说,"非常重要。因为我们能在此基础上自主地决定,究竟要生活在怎样的环境中。"

第一章 设计未来之城

地产大鳄与生活质量数据

这种形式的数据民主化已经发生，甚至也符合政府的利益，因为政府必须让民众学会环保思维。国家无力长期承担环境破坏造成的经济损失，而且正如前文所言，争夺最优秀专业人才的竞争并不轻松。即便是深圳，在这一问题上也还有很长的路要走，但这也同样意味着领先世界的机会。不过，目前看来，全世界最具可持续性的写字楼并不在深圳，而是在阿姆斯特丹，也就是有2 500名员工供职的德勤（Deloitte）总部。这栋写字楼生产的能源要高于其能耗。而尽管第一批以此为方向的建筑已拔地而起，深圳距离这个目标依旧还很遥远。

令人惊讶的是，这方面的先驱之一居然是于2018年完工的一家国企的总部——深圳能源集团，它作为榜样开了个好头。这栋220米高的深圳能源大厦由丹麦的比亚克·英格尔斯事务所（Bjarke Ingels Group，简称BIG）设计，被美国的《福布斯》杂志盛赞为"中国硅谷的绿色地标"。"我们的设计理念是，人们可以不依赖额外的机械来节约能耗，"BIG事务所的合伙人安德烈亚斯·克洛克·彼得森（Andreas Klok Pedersen）说，"而是充分利用日光和空气湿度，以自然的方式实现节能。"至少，这一理念造就了一栋能耗降低30%的摩天大楼。"这是世界上首个完工的此类案例。"建筑师们说。

于是，深圳现在就已显现出未来的发展路径：人们能够测量自身生活质量的数据越多，房地产开发商面临的压力就越大。他们要想保持竞争力，就必须参与这场游戏。政府则可以从中抽身，只需要在必要时纠偏就行了。

今天，深圳的公司若是想要招到最好的员工，就不得不在数据缺乏的情况下建造可持续且环保的建筑，因为员工们能自己决定在哪里工作。"关乎城市和市民共同生活的关键问题的决定权，应当交到市民手中。"引领新建筑理念的拉蒂也如此认为。民众在这一领域的行动空间如此之大，乍看可能让人疑惑，但细看就会发现，如果要防止城市的衰败，引入类似发展趋势中的自身活力，实在是必要之举。

"在此过程中，人们不能光批判新技术的缺陷，更要理解其中的机会，"拉蒂要求道，"因此，我们策划的双年展的口号就是：城市之眼。中国显然是世界上最适合进行类似实验的国家之一，深圳是最适合的地方之一。"

全球最知名也最具创新性的建筑设计师之一、荷兰人雷姆·库哈斯（Rem Koolhaas）的表述则更为直接：人们必须承认，"中国的体制在诸多方面为其民众创造了不少绝妙的东西。西方人必须放弃其优越感。"北京的中央电视台总部大楼正是其事务所的杰作。

中国中央电视台共有50个频道、6种语言。大楼的扭转结构使之依旧是全球最非同寻常也最具个性的建筑之一。在很长一段时间里，计算这样一栋建筑物的力学结构都是不可能的任务。其设计理念是打断大厦"上"和"下"的连接，改为将之旋转成环形。"北京的中央电视台总部大楼的效果之一，就是证明在中国也有可能对建筑结构做更多实验。从某种意义上说，建筑设计师可以积极介入、修正乃至捍卫一国的某些价值。"库哈斯强调。

他在深圳设计了中国两大交易所之一的深交所的新大楼。尽管不那么独特，但依旧相当出众：底部的横梁高于街道水平面，两侧悬空，几乎悬浮在基座上，顶上的摩天大楼就像是从中破土而出一般。

奥雷·舍人的梦想

库哈斯的学生之一就是来自卡尔斯鲁厄的奥雷·舍人。中央电视台总部大楼的设计工作就是他主要负责的，不过他现在已经自立门户，在亚洲地区非常成功，早已从他先前导师的光环中走了出来。2020年9月，深圳市政府给他的新项目之一开了绿灯，也就是华为的竞争对手、同为通信网络设备商的中兴集团的总部大楼。这栋建筑所处的位置，可以说是全新商业区"超级总部基地"的大门口，紧邻深圳湾，与香港隔海相望。这项建筑设计叫作"深圳潮"，因为将会有一道玻璃组成的波浪自下而上成对角线穿过整栋建筑。波浪的下半部分会将这栋高65米的建筑抬升至离地面二三层楼的高度。随后，波浪还作为建筑的中庭，往斜上方翻涌着穿越整个写字楼，直到屋顶才再度显现。在那里，浪花形的玻璃顶下将会有公园、咖啡馆和餐厅组成的综合体。而在边上的室外屋顶，还有一个可以尽览美妙海景的员工会所。在两朵浪花之间漂浮着6层办公楼，每一层的面积都等同于两个足球场。这些楼层就好像是几本咖啡馆桌上的书，漫不经心地层层叠在一起，各层在4个面的长度都不相同。于是下一层的屋顶就成了上一层的天台，而在玻璃造就的空间跃入城市的同时，人们可以从其内部远眺海对岸的香港。

斜穿过整栋建筑的中庭光线明亮，绿意盎然，它将成为日后在此工作的5 000名员工的活动广场。某种意义上，这里将会形成一座新的城中村。

"浪花就是联结的空间，人与人的共存就在此交融"，舍人用他自己的话总结道。他有着聪明人特有的羞怯的目光，蓄着"三天胡子"，看上去永远一模一样。白衬衫和黑西装就是他用来保护自己的制服。

"深圳潮"的每一层楼都可以自由组合成办公室布局。这栋建筑体现了上文所描述的那种趋势。甲方所期待的是人们想要在此工作的办公室。只有这样，他们才能在和腾讯、华为等公司争夺技术人才时站稳脚跟。因此，城市内的竞争就导致工作环境的质量不断改善，奥雷·舍人等优秀的设计师才有机会入场施展身手。

此外，同样在深圳越来越重要的还有企业文化，也就是"企业想要给员工提供何种文化"，舍人说。关键是"要为社会交流提供一个积极的空间"。按照他的设计，人们在"深圳潮"中不光工作，更可以"作为社会存在展示自己"。而"办公室隔间的消解"则是必要的前提。中兴集团总部的设计方案是在新冠肺炎疫情暴发前完成的，融合了工作与生活空间，创造的特殊价值无论是在平时还是在新冠肺炎疫情时期都很重要。"在我们生活的这个时代，空间已经获得了一种全新的特殊含义。"舍人说，"在建筑中要有自然通风、阳光中庭以及诸多空间，可以服务于保持间距等新的卫生要求。这个空间引入了自然，消解了传统的办公室结构"。他在北京、柏林、香港、曼谷、纽约和伦敦都开设了工作室。

工程于2021年动工,预计工期2—3年,不过按照人们熟悉的深圳速度,完工时间只会早不会晚。有意思的是,创新技术圈越来越喜欢回到工厂车间,甚至是古堡里面,以摆脱新式空间文化。"这时常很复古,"舍人描述说,"但我们这个项目却是未来。"面对种种质疑,他不为所动。"要创造新事物,就免不了要遭到质疑。新事物必然有争议。而对此展开讨论,也是建筑所开启的进程的一部分。"

我们本来计划在深圳见面,这样他就可以在现场向我展示他眼中的这座城市。但新冠肺炎疫情阻碍了我们的计划。于是我们只能在微信上视频,舍人在柏林,我在北京。

"人们为什么在中国能尝试那么多新东西?"我问他。

"过去数十年的急剧变化——城市人口激增、经济高速发展都让人确信,之前存在的种种范式已经不再适用于社会新的现实。因此在中国就有了一种普遍的意识和预期,要去寻找并尝试完全不同的全新解决方案,包括在建筑行业之外。而深圳是其中最重要的实验室之一。"舍人解释说。

所以说,更多的是不得已而为之,而不是出于好奇?

"二者兼而有之:光有必要性还不够。在世界的许多地区,改变虽然很必要,却并没有发生。而中国在必要性之外还多了一种对未来的巨大热情。人们在深圳就能感受得特别明显。如果要做出改变,那么这种一定要进步的强烈愿望就起决定性作用……"

"而西方只是在守卫已经实现的东西。"我补充说。

"没错,这就是像西方一样长期保持成功之后的劣势。已经取得了很多成就,已经有那么多看上去很美的东西。因此,质疑的决心就小得多,而守成的本能就大得多。"

中国和西方处于不同的发展阶段。但文化差异难道不也在起作用吗?

"我认为中国既有意志,又有兴趣,还有文化基础,去将变化看作一种积极的东西。这样一来,相比西方文化,在中国就产生了一种开启更激进革新的意愿。"舍人表示。

令我觉得诧异的是,这种对新事物的追求恰恰出现在一个以谨慎而闻名的体制中,与此同时,犹疑和踌躇却在西方占据了统治地位。"难道这不是个悖论吗?"

"确实如此。但这一巨大的矛盾却让我们看清,构成社会与国家的并不仅仅是其政治体制,而是其民众。而民众则有着更为复杂、层次更多样的文化。"人们恰巧可以通过深圳市容的变迁来很好地描述这一点。

"作为建筑师,我的职责是改善人的生活状况。这在任何一个政治体制中都是有意义的。我在乎的是人们在日常生活中就会使用到的建筑。我想要提升他们的生活质量。在最理想的情况下,我可以借此订立新的标准,然后影响社会。而且,一栋优秀的建筑并不只是改善使用这栋建筑的人们的日常生活,它还能改变市景。因为它提高了城市中建筑形态的多样性,或是与城市契合得特别巧妙。譬如说,我们在北京建造的中央电视台总部大楼,以其非同寻常的形式扩展了在中国尝试特立独行之物的活动空间。现在,中央电视台总部大楼甚至已成为北京这座城市的地

第一章　设计未来之城

标。"舍人说。

"当您在 30 年前第一次来到中国时,是否就已经预料到会有这样的施展空间?"

"并没有。这是一个巨大的惊喜。尤其是在 2000 年之后。2001 年,中国刚刚加入了世界贸易组织(WTO),头一次正式在世界经济中有了一席之地。而就在同一年,北京申奥成功,2008 年奥运会将在中国举行。我本来以为,这个结果是出于政治考虑,国家要求每个人都共同参与。因此,当我发现中国人得到申奥成功的消息是多么自豪、多么热情时,确实感到惊讶。素不相识的人走到我这个外国人面前,自豪地告诉我:我们要办奥运会了!在北京和其他城市,人们在街上庆祝了一整夜。我还没有在任何地方经历过因为申奥成功而出现的这种场景。这种积极的情绪成了中国发展的主旋律。尽管时间紧、任务重,但人们都因为自己能为更美好的未来做出一份贡献而感到十分自豪。这种共同的责任感根本用不着国家来点燃。于是,我才理解中国和中国人身上蕴藏着怎样的潜能。"

我想要知道,最初的热情现在是否已让位于一种创新的习惯。

"我们现在已达到了一个非常有意思的发展阶段。尤其是关于下述问题:尽可能快地实现尽可能多的内容,从长远看是否有意义。自我批判的审视阶段早已开始,但这并没有导致一种幻灭情绪的弥漫,而是在追问应当如何定义之后向着未来的进步。量的增长转变为质的提升。这就包括中国从一个廉价劳动力经济体转型为一个技术和创新经济体的过程,而这也影响了城市和建筑。在过去20年中，有许多建筑都采用了世界上从未有过的尺度。也就是说，重要的是人们在质的方面也能找到正确的答案。"

难道人们不是早就应当这样做了吗？

"人们首先关注的是尽快从一众小渔村发展成一个大都市。随着时间的推移，先前忽视的问题才会逐步显现，如城市结构和公共空间问题。人们发现，光是让鳞次栉比的高楼拔地而起，还远远不够。在城市规划部门有不少思想开放、头脑聪明、受过良好教育的人，他们就在思考应当如何定义城市空间。也正是因为这些问题，深圳才会成为如此有趣的案例，成为制定并落实成功策略的试点项目。"

从这方面看，今天的深圳是否比北京和上海走得更远？

"在我看来确实如此。在中国国内，有越来越多的地区开始更加重视城市空间中的生活质量。深圳肯定是先行者，而能够参与其中，也让我这个建筑师非常兴奋。我们可以在这里研发与全世界相关的新建筑模型，同时追问单个建筑应当如何面对城市构造和人的需求。"

"但这具体意味着什么？您能以您在深圳打造的中兴集团总部为例做个说明吗？"我问建筑师。

"中兴是除华为之外中国最成功的通信公司之一。在这个技术相当先进的领域，人们比其他行业更早开始思考未来的工作和工作环境应当是何种模样。这是由于争抢年轻而充满创造力的员工的竞争十分激烈而导致的。优秀的开发者可以在深圳或者世界上任何一个城市选择他们愿意工作的地方。这就迫使公司尽快转变思路：工作不再是生活或休闲的对立面；不同的领域融合在一起,工作场所应当是人们本来就想待的地方。新冠肺炎疫情加速了这一进程。全世界都在探讨,工作和休闲在位置上的割裂究竟是否还合乎时宜。于是,我们建筑设计师就忽然又有了全新的施展空间。一栋建筑的甲方不再希望能够尽可能高效地把尽可能多的人堆在一起。现在重要的反而是创造一个空间,让尽可能多的有着不同需求的人在其中感到舒适,因为这样一来,他们就会更加地富有创造力。"

"您是如何在您的建筑中实现这一点的?"我问舍人。

"我们摆脱了那些在建筑中让人觉得压抑的要素。这不是一栋有个核心区域、周围环绕着办公室的高楼;相反,我们利用了那些不像楼层的楼层,因为每一层都有两个足球场那么大,这种维度是人们在惯常的建筑中看不到的,在每一层中都会诞生某种独特的城市空间。但因为是大厦,自然有许多层楼,所以我们特别重视将各层楼相互联系起来,尽可能地让人注意不到楼层的变换。平面应当相互交会。而在这一点上帮到我们的,不仅是小巧的中庭和阳光天井,还有那条巨型的波浪中庭。它像一条对角线穿过整栋建筑,将两个核心区域连接在了一起:底层的入口和屋顶的休闲与聚会区域。同时,每一层都不对齐,楼层的边缘过渡到了相互交错的巨大天台。这就实现了内与外的紧密结合。

此外,同样重要的是,我们将这栋滨水的建筑抬升起来,并由此造就了一个极为宽敞的公共广场。这样一来,我们就构建了与海水、公园和城市的联系。我们不是用建筑抢走了城市的一块地皮,而是将拥有更高的生活质量的这片土地还给了城市。

现在,整栋建筑成了构建众多不同的个性化办公室的框架。

从此,霓虹灯闪烁下有一盆绿植装点的隔间工位时代,在深圳就将逐渐走向尾声。"

对我而言,这只是意味着更昂贵的办公空间,但舍人坚信,这是一笔划算的买卖。因为如果一家公司能够以这样的方式吸引到比其他人更具创造力的员工,让公司更具竞争力,那么先前的投入就是值得的。但我还感兴趣的是,甲方是否立刻就明白了舍人的理念以及潜在的收益,还是说必须有一番艰苦的说服工作。

"当人们想要塑造新事物时,二者始终兼而有之,并且新东西并不总是能让人一目了然。因此,与业主的沟通和对话就尤为重要。建筑必须先为人所理解,才能存在。我们不能建一个还会被人改动的样品。在建筑领域,必须一步到位,这是极大的挑战。"舍人说。

"然而,深圳的一切都还是要迅速进展。那么,您还有足够的时间来完善您的解决方案吗?"

"我想这样回答:宁可快,也不要一事无成。一个项目研发得越慢,就越有可能到最后无法得到实施。不过从另一方面看,有些地方确实存在考虑得不够彻底的风险,但我们已经学会预期并应对这种风险。这意味着一方面我们要更有效率地工作,而另一方面也要时不时清楚地告诉业主,他要求我们在特定时间内完成的东西是无法实现的。不过现在,有了 20 年的经验,我在这个速度区间里感觉正合适。"

然而,在这种速度下,人们有多大的风险倾向于稍纵即逝的潮流,尤其是在深圳这样一个一切都在迅速变化的城市中?

"所以关键问题在于:世界在 15 或 20 年后究竟会变成什么

第一章 设计未来之城

样子。一座建筑必须到那时依旧能够屹立不倒。因此,我们的设计必须保持开放,可以容纳新的要求。这也是一个可持续性问题,不仅是关于能耗平衡,更是关于社会可持续性与能源可持续性之间的平衡。"

深圳是一座没有摩天大厦就无法运转的超级都市。就我而言,这毕竟是对生活质量的极大限制。所以深圳实际上并不是必然会成为欧洲许多尚未被高楼所统治的城市的榜样,不是吗?

"我不这样认为。即便是在欧洲,高楼也变得越来越重要。我甚至觉得,高楼现在已经是不可或缺的了,不过,和在亚洲城市中一样,它们当然不必成为唯一的建筑类型。有一点很明确:当我们讨论可持续性时,就必须同时讨论密集问题。因为人们聚居得越稠密,当地的基础设施就越能得到更高效的利用,能耗平衡就表现得更好。高楼将在全世界成为最为有趣,同时也是问题最大的未来建筑形态之一。之所以问题很大,是因为大厦不只是一小块地基上高耸的箱子,既不与在那里工作或生活的人们、又不和在最坏情况下将遭其破坏的市容产生联系。在我看来,我的任务就是将高楼从它的紧箍咒中解放出来,并展现出我们也能在垂直方向上创造一个活跃而有交流的社会空间,即便是自然,也将在其中扮演核心角色。"

在数不清的摩天大厦中,一层绿色的楼层看起来只不过像是一则装饰性的免责声明,而且低能耗建筑在深圳还没有什么分量。"这里的人们真的将混凝土与自然的和解理解为一种必要性,还是说这几个单独的项目只是起到了遮羞布的作用?"我追问道。

深圳

"我们当然不能只是用绿色遮盖某些乏味乃至丑陋的东西，其中重要的是在建筑中作为生活空间一部分的自然。特别是在地处亚热带的深圳，一个密切相关的问题是：我们如何才能在城市的语境下将作为生活空间的自然融入建筑？通过在有着类似气候条件的越南或新加坡开展项目，我们积累了不少有益的经验。"舍人说。

最后一个问题：舍人是否更喜欢在深圳而不是在柏林搞建筑？

"在深圳，尝试并定义未来的方式是全世界独一无二的。或许有些城市在某几个领域比深圳更有趣味，因此也会更令建筑师兴奋。柏林肯定是其中之一。但就活力、生活质量、可持续性、技术与年轻化的这种平衡而言，目前整个世界没有一个城市能和深圳媲美。"

从德式薄饼到乔治·卢卡斯

纽约有93座超过200米的高楼，香港有72座，而深圳已有98座，而且这座城市还正处于发展的阶段。就像前面说的，每年增加100万平方米的办公面积，这等于20栋奥雷·舍人的建筑。深圳和香港正越来越多地融合成一个有着接近3 000万人口的超级大都会。而这两座城市构建的城市核心地区，有着世界上数量最多的200米以上高楼，遥遥领先于第二名的纽约。

还有不少创造纪录的建筑也已蓄势待发。即将于2024年竣工的深圳世贸深港国际中心将会成为一栋超过700米的超高层建筑。目前全球最高的写字楼是平安国际金融中心,它在2019年还被芝加哥的世界高层建筑与都市人居协会(Council on Tall Buildings and Urban Habitat,CTBUH)评为全世界最美的建筑。平安国际金融中心共有115层,装有80部电梯,总高599米,是全世界第四高的建筑,仅次于迪拜的哈利法塔、上海中心大厦和沙特阿拉伯的麦加皇家钟塔酒店。在平安国际金融中心工作着15 000人。这座建筑由位于纽约、专精于超高层建筑设计的科恩·佩德森·福克斯建筑设计事务所(Kohn Pedersen Fox,KPF)设计,像是一座棱角分明、透着冷峻的方尖碑,其外形带有所谓"人字形断口"的元素,也就是在工厂出口单向旋转闸门的那种锯齿状形式。但平安国际金融中心不会是唯一一栋超级高楼。深圳世贸在2024年完工之后,将成为全世界第二高的摩天大厦。

2021年1月,著名的扎哈·哈迪德(Zara Hadid)建筑设计事务所中标了一栋令人瞩目的建筑。这是一座双子塔,高约400米,其基座像是一截布满青苔的树干。然而正如我们在奥雷·舍人的作品中看到的那样,并不是一切都围着超级高楼转。如果人们在城市中漫步,欣赏新的建筑或是新建筑的效果图,就能发现深圳的两大趋势。其一关注的是如何实现植物与混凝土、自然与建筑的和解,从某种意义上说,这是我们理解的可持续性的基础阶段。其二则是轰动一时的建筑,其形式语言指向21世纪的遥远未来。

说到自然主题,人们立刻就会想起莲花山公园边的深圳市儿童医院新大楼的设计方案。新楼有着欢快的外墙、阶梯瀑布式的楼顶花园、游戏区,甚至还有一片运动场。加拿大的B+H建筑设计公司和华东建筑设计研究院共同赢得了新楼的招标。这样一栋建筑也会很契合柏林的气质。屋顶游戏区远离街道的危险与噪声，要"成为一片奇妙的世界，人们在其中的每个角落都能有所发现，还能从这里幸福地眺望整个世界"，建筑师们说。

荷兰的 MVRDV 建筑设计事务所或许也会用类似的表述方式呈现它在深圳的项目。MVRDV 的建筑师致力于在全球推广宜居建筑，目前正在深圳这座超级城市建设世贸深港国际中心，要将之打造为"一个值得居住的世界"。形态各异的露台像德式薄饼一样堆叠在一起，中间只有轻盈的玻璃外墙相分隔。如此一来，寥寥几层楼就创造出了一个独特的居住和生活的环境，在其中"内"与"外"不断地相互交织、相互过渡。而在内外之间，是一个个枝繁叶茂的亚热带花园。太阳能和可重复利用的混凝土扮演着核心角色。广场是如此地荫凉通风，以至于即便屋外炎热难当，人们还是愿意在那儿逗留。"花园和公共广场将会被融入紧凑的市景之中。"MVRDV 事务所的创始合伙人、建筑师韦尼·马斯（Winy Maas）描述道。有时，露台会轻微下坠，在另一个楼层落脚，但一切看上去都那么顺理成章、那么自然平和，即便这座城市是如此令人激动和兴奋。他说："我们的设计可以成为深圳公共广场的模板。"

与此同时，马斯和他的同事们还在深圳的其他地方尝试重新定义高层建筑。他们为房地产公司万科设计的大厦，是像孩子一样将 8 个彩色的模块叠在一起，形成一栋 250 米高的高楼。"万科 3D 城市"将会是"新一代高层建筑的典范"，马斯这样认为。4 个模块是中空的，在远离街道的空中创造了可以远眺美妙海景的公共空间和花园。在这里，人们不用离开这座城中城就可以居住、工作，傍晚还能出去散散步。MVRDV 的建筑设计师们花了将近 10 年时间研发这种新型大厦的原型。在深圳的另一个城区，万科已经与中国最知名的建筑设计事务所"都市实践"（Urbanus）合作，完成了一座平坦的绿色社区——万科云设计公社。从周围环绕的高楼俯瞰，这片区域就像是一座公园，或是一个育苗盒。这是因为混凝土建筑低于街道的水平面，藏身于被绿色覆盖的屋顶之下。在建筑之间是许许多多的小花园，有着宽敞而低矮的台阶，可供人们坐下小憩。在这片城市风景中，设计公社仿佛一片由钢材和玻璃构筑的休闲与放松的绿洲。

还有位于前海区，由伦敦的罗杰斯建筑设计事务所（Rogers Stirk Harbour + Partners）打造的园景，总长 2.1 千米，它仿佛一条漂浮在这座城市的上方的高速公路，直奔向大海，被设计师称为"城市的起居室"。此外还有深圳湾超级总部基地这座占地 5.5 平方千米的绿色商业区，由斯堪的纳维亚的亨宁·拉森（Henning Larsen）建筑设计事务所和两家中国合作伙伴——深圳立方建筑设计和肃木丁建筑事务所共同开发。

在"绿色城市"之外，来自全世界的设计师还可以在深圳探索"全新城市"的理念。未来的、讽刺的、大胆的、游戏的，这是新城市的建筑项目所期待的特质。其中的领头羊是 2004 年由马岩松创立的 MAD 建筑事务所，它或许是最成功的中国事务所。2009 年，马岩松被美国杂志《快公司》（Fast Company）评选为"全球商界最具创造力十人"之一，他还是英国皇家建筑师学会（Royal Institute of Britisch Architects，RIBA）和达沃斯世界经济论坛"全球青年领袖"成员之一。他的事务所是第一家在国际上中标文化建筑的中国建筑设计事务所,而且中标的还是一个位于美国的项目——洛杉矶卢卡斯叙事艺术博物馆(Lucas Museum of Narrative Art)。这栋建筑的资助人包括曾执导《星球大战》(*Star Wars*)系列电影的美国导演乔治·卢卡斯(George Lucas),总花费超过10亿美元,于2021年春竣工。MAD还在罗马、巴黎、日本和洛杉矶有自己的建筑项目,而事务所在加拿大米西索加(Mississauga)的两栋大楼早在2012年就荣获"最佳摩天大楼"的称号。

可以相信,这样的人物就应该在深圳扮演举足轻重的角色,拿下一块特别的地皮。马岩松能够在南山区一座海滨花园打造他的下一栋建筑,四周毫无遮挡,也是其优势所在。这座建筑将会成为深圳湾文化广场的博物馆群楼,通体洁白,像是一尊雕塑,混合着白色巨石和超大规模的亨利·摩尔(Henry Moore)[1]式雕塑。正因为它如此开放地伫立在那里,才更有潜力成为深圳的新地标。在广场下方的中央,创意设计馆和深圳科技博物馆各居一侧,相互连接,中间则是中心报告厅。在设计时,马岩松想要的是一个可以冥想的地方。"我希望创造一个超现实的空间,"他说,"人们可以在其中卸下一切负担。空间和时间都被消解,由此产生的只有一种失重感,以及不受限制的想象力。"

同样不一般的还有深圳龙岗文化中心。红色的金属幕墙让这栋9.5万平方米的建筑看上去像是巨型履带车和太空飞船的结合

---

1. 亨利·摩尔(1898—1986),英国雕塑家,风格现代而抽象,尤擅大理石雕塑。

体,仿佛一道四层高的屏障竖立在无比俗气的龙城公园边上。这座城市当然也有俗气的地方。整栋建筑共由四部分组成,各部分的上端几乎碰撞到了一起,但越往下越收窄,这样就留出了不少空间以供穿行或是透望。这座由荷兰麦坎诺(Macanoo)工作室设计的文化中心不过是深圳无数激动人心的建筑之一,正如扎哈·哈迪德建筑师事务所设计的完全透明的OPPO总部大厦,让人想起竖起的齐柏林飞艇;又如由雷姆·库哈斯设计、悉地国际承建的深圳前海国际金融交流中心,这栋建筑让人想起传统的折纸艺术。从海上望过来,深圳龙岗文化中心就像是一座被切开的金字塔,带有露台一般的楼层,看上去比已经非比寻常的深圳设计博物馆还要瞩目。设计博物馆由曾获普利兹克建筑奖殊荣的日本建筑师槙文彦(Fmuhiko Maki)设计,前几年刚刚完工,就坐落于离此仅几千米的海岸边。

让人难以忘怀的还有位于福田区、面积80 000平方米的深圳当代艺术与城市规划馆,负责设计的是奥地利蓝天组(Coop Himmelblau)。从外部看来,该馆就好像是一对灰色的圆形和方形形状并排叠在一起,而进到馆内,人们才发现这里共有7层,全是复杂的相互嵌套着的平面、观景台、走廊、阳台以及或高或低的空间。在建筑中央是一朵硕大的钢制的云,里面装着一家书店和一家餐厅。云的不锈钢结构是由机器人完成的。"通常,我们需要160位工人工作8个月才能完成类似的造型,"蓝天组的创始人沃尔夫·德·普瑞克斯(Wolf D. Prix)说,"而现在只需要8位工人、12个星期就够了。"这样一栋满是钢材和灰色混凝土的建筑很可能产生拒人于千里之外的观感,但事实却并非如此。你会发现这栋复杂的建筑恰恰是一次宏大的冒险。

一切皆有可能,这仿佛成了深圳的特质。西班牙的城市社会学家曼纽尔·卡斯特尔(Manuel Castells)曾在伯克利和剑桥大学圣约翰学院任教。在他的眼中,深圳今天已经成为"21世纪最具代表性的城市面孔"。

按照想要的规划,再摸索可行之道

2020年10月14日,中共中央总书记、国家主席习近平前往深圳考察。他指出,深圳"用40年时间走过了国外一些国际化大都市上百年走完的历程。这是中国人民创造的世界发展史上的一个奇迹",或许一点也没有夸张。他的父亲若是能看见当年特区如今的模样,也一定会感到欣慰。

自打建立之初,深圳年平均经济增幅高达20%,人均GDP从1 000美元飞升至30 000美元。在考察深圳时,习近平主席宣布了深圳未来的发展道路。深圳要"努力走出一条符合超大型城市特点和规律的治理新路子",城市必须"坚持全方位对外开放",重要的是实现双赢。深圳要"进一步激发和弘扬企业家精神""必须坚持创新是第一动力",鼓励更多人投身创新创业。同时,还要保护企业家的合法权益,保护产权和知识产权。然而,习近平并不认为深圳今后的几十年将会比过去40年更轻松。"推进改革的复杂程度、敏感程度、艰巨程度不亚于40年前",深圳正面临许多"前所未有的新问题"。因此,人们必须以"更大的政治勇气和智慧,坚持摸着石头过河和加强顶层设计相结合"。

第一章 设计未来之城

这或许是深圳令人目不暇接的发展背后的真正秘密。绝不止步于已取得的成绩,而是继续推进愿景和现实之间的平衡。按照人们想要的计划摸索出一条可行之道。

黄奋是无数直面这一挑战的深圳人之一。他是第二代深圳人,在洋溢着未来感的福田区拥有自己的办公室。他和他的乐美尚科技有限公司开发了一套智能家居系统。"我们创造了可以中央调节,甚至根据环境光线自动控制的灯光氛围系统。借助我们的方案,人们还可以自主决定一间屋子的温度和湿度,"他颇为自豪地说,"我们让人的生活变得更好。"黄奋畅想着深圳今后30年的未来。

而为了实现拥有自己公司的梦想,黄奋拼尽了全力。为了得到第一份大订单,他甚至和朋友一道坐飞机去了纽约,一定要将自己的商业模式介绍给中国最大的地产商之一。但是,要约到公司老总或是部门经理的时间,几乎是不可能的任务。当他们偶然得知这位地产大亨即将飞往纽约时,就有了一个大胆的计划:拿着一部iPad写上他的名字,去机场到达厅接人。"我们要让他以为,我们俩是他的司机。"黄奋笑着说。他已经做好了地产商大发雷霆的心理准备,但黄奋的运气着实不错。地产商开始愣了一下,随后被他们所打动。他们不仅可以为他开车,之后还得到了介绍自己项目的机会。黄奋的坚持不懈、激情和决心给地产商留下了深刻印象,决定助他一臂之力。公司成立两年之后,黄奋就得到了深圳最重要的建筑项目之一:超高层建筑群深圳湾一号。

2018年,他似乎终于等来了突破。公司获得了一份长达三年、总价高达1.2亿欧元的订单,为遍布全国的建筑装备上他们的智能家居系统。但是由于经济过热，政府出手干预，合同的委托方失去了支付能力，可是黄奋和他的合作伙伴早已经干上了。"打击太大了。我们几乎破产，"他说，"没有银行愿意给我们贷款。我们只能向亲友借钱。"他们关了办公室和体验店，甚至变卖了房产，用父母和叔婶的房产做了抵押贷款。"当时真是一场噩梦。我们在泥潭里越陷越深，"黄奋说，"但是在 180 个无眠的日夜之后，我们终于重新看见了曙光。"

如今，公司的年营业额已经达到了将近 800 万欧元。"我们虽然还没有还清全部债务，但已经走上了正轨。不过，我最自豪的是，我的 80 位员工中，有 50 位我始终没有停发他们的工资。"黄奋的故事提醒我们，在深圳这样一座城市中，成功与失败其实只有咫尺之遥，并且，推动城市进步的，不总是那些响当当的大人物。例如张博，他设计了深圳最小的建筑作品：一间咖啡馆。"集屿"咖啡厅位于红荔西路，这是福田区香蜜三村的一条小路。香蜜三村也是一座 20 世纪 90 年代诞生的城中村。"集屿"的设计师们为遍布城中村的小店塑造了充满美感的形式。咖啡厅只有 2.8 米宽，比一个正常的停车位还要窄，就这样夹在一间洗衣店和一家药房中间。不过，门店层高超过 5 米，进深也不大。

这片区域的一切都布满着广告牌、空调外机和电线。建筑师们首先得清理一番：在简单的玻璃门上方，他们构建了一块巨大而空旷的灰色调高背景墙，并布置了灯箱做充分的照明。在这一片杂乱中，它确实能让人放松，而且很吸引人。"我们的理念是为现代人创造一处可以休憩的地方。一个充满日常仪式感的场所。"张博说。他是深圳一乘建筑工作室的两位合伙人之一。咖啡厅门前摆了一张白色高脚桌和两张极简主义的吧台椅。店里是9平方米的狭长房间，地面铺着传统的灰色瓷砖，左右两侧是白色的窄边柜，里面间或有几只芥末色的箱子。墙也涂成了灰色。高耸的屋顶向外侧的出口呈拱形，创造了一种安全感。摆在柜架上的灰色坐垫让它们成了椅子。吧台末端是点餐区。右边是一架窄梯，通向二层狭小的办公区。人们也可以把梯子搁在一旁。"在我们开始改建时，热心邻居总会给我们提些建议，"张博说，"我们一开始并不想听，随后却意识到，在这样一个共生世纪中，对话有多么重要。于是，一个又一个想法融入了我们的设计。我们将之称为自发设计。"现在，咖啡厅已经很好地融入了街区之中。

　　离咖啡厅入口不到 20 厘米远的墙边立着两个灭火器、一把红色的塑料椅、一张木质小板凳，还有一架老式缝纫机，有点类似于原先的胜家牌缝纫机，底下还有一块铸铁脚踏板作为缝针的动力。"这是洗衣店的吗？"我问张博。"不是，这是整条街公共的缝纫机，谁都可以用。"他回答道。

第二章

智能出行平民化

我希望将自动驾驶平民化。

——X教授,人工智能自动驾驶软件领域领先的中国企业家

他从不知疲倦、不会分心,也不会紧张。这已经是一个巨大的优势。他可以避开行人,在红绿灯前停下,和其他车辆保持距离。但如果车窗前忽然飘来一只绿色的塑料袋,那就糟了。究竟要不要刹车?他要在几分之一秒内回答这个问题。这究竟是什么?一块飞来的石头?不是,这个对象有着可变的形状。是雾吗?也不是,雾可没有轮廓。是只动物?一只鸟?但外形匹配不上。为什么它始终在改变它的样子?它究竟要飞去哪里?

人们要怎么才能教会自动驾驶的人工智能主机:首先,这不过是一只飘浮着的塑料袋;其次,它用不着刹车,不管塑料袋是什么颜色。

这是我们这个时代最重要的问题之一。

"计算机当然会出错,而且从我们人类的角度看,这都是些

很可笑的错误。这就是当前自动驾驶领域的专家正在着手解决的挑战之一。但是,这些问题都是可以解决的,"肖健雄说,"只要人们能够了解软件不同于人类的弱点。"

肖健雄已经潜心钻研这些问题十余载。所有人都管他叫"X教授",他就像是漫威(Marvel Comics)动画"X战警"里面的领军人物查尔斯·弗朗西斯·泽维尔(Charles Francis Xavier),拥有心电感应的超能力。但事实上,肖健雄看上去更像是美国讽刺杂志《疯狂杂志》(MAD)封面上那个放肆男孩的中国翻版,甚至连笑起来也一模一样:高额头,抹了发胶的头发高高立起,一副浅色无框的大眼镜,T恤衫,牛仔裤,运动鞋。他的英语不太好懂,然而他说的每一个字都富有智慧,让人信服。

在他看来,人们研究自动驾驶的原因是再明显不过的了:为了环境、为了安全、为了生活质量。自动驾驶的车辆更不容易造成拥堵,因为它们能在人工智能的基础上更好地相互协调,而且人们所需车辆的总数也将下降。例如,瑞银集团(UBS)的分析师们曾经测算过,如果采用自动驾驶的车辆,纽约人只需现有出租车大军的三分之一就够了。而如果有可能独自一人(也就是在没有司机的状态下)以合理的价格乘坐出租车,可以听着定制的音乐,享受定制的灯光,那么买车的人就会变得更少。此外,颁发自动驾驶出租车运营牌照的收入又可以像贝恩咨询公司(Bain & Company)建议的那样,用来投资短程公共交通的建设。因此,自动驾驶技术还有潜力节约60%的公共交通补贴金额。

而如果人们生活的地区到目前为止还是少有搭便车或乘坐短途公交的机会,自动驾驶就能解决一个大问题。人们不必再搭乘空气污浊、挤得满满当当的地铁，而是可以选乘更加舒适且直接开到家门口的无人驾驶小巴士。

对于那些无论如何都要自己有车的人来说，下班是从坐进车里的那一刻开始的。人们可以像在自家客厅一样立刻放松下来，毕竟驾驶的事儿用不着再去操心了，而且再也不用到处寻找停车位了。人们直接下车，让车自己去找地下停车位，顺带再给自己充个电。这样，地上就给新事物留出了更多的空间。

最后，交通事故当然也会大幅减少。人工智能清楚每一个交通参与者现在的位置，以及他和其他人或车的距离。不太可能再会有骑车人或行人被车撞到，追尾和逆行事故几乎不可能出现。一句话：全球众多的城市规划师、交通专家、环保人士和政治家都坚信人工智能驾驶车辆的巨大潜力，只需要技术足够成熟。

从中国的角度来看，自动驾驶技术的意义，在于同另外两项科技创新相结合：5G网络和电池技术。目前，中国在这两个领域都居于世界领先地位。电动汽车让城市能够保持清洁的空气，同时大幅降低噪声。借此，中国终于可以放弃无比复杂的燃料发动机，不必再费心费力，非要赶上欧洲，主要是达到德国水准不可。到现在为止，中国在这方面还没能成功。

而5G技术的意义在于：给每辆车都安装上独立的超级计算机以便在电光火石间协调好无数的交通参与者，就会产生高昂的费用；然而，如果所有行车计算机的"经验"都能够通过5G汇聚于一台超级计算机，并通过"云"让每一辆车都能够接触到，那么开车出行自然也就会变得更加安全了。

深圳

出行革命

电池、5G和自动驾驶领域创新推进的世界速度，就在深圳。这里有5G全球市场的领头羊华为（参见第四章），还有中国最大、世界第三（仅次于特斯拉和丰田）的新能源汽车制造商比亚迪。同时，它还是中国第二大车用电池的生产商。比亚迪等新一代汽车品牌从第一天起就从电池的角度去思考汽车，并由此制定了全新的标准。当然，还不能忘了AutoX这家或许是自动驾驶领域最具代表性的企业，为适用于日常场景下的自动驾驶开发新技术。

在深圳，这些创新的成果以一种令人印象深刻的方式得到了呈现：这里行驶着16 000辆新能源巴士、22 000辆新能源出租车，还有无数的电动车，这些让这座大都市成了世界新能源出行之都。这里正在进行一场出行革命，它或许将像当年由马车到发动机的过渡一样，极大地改变了我们的生活。19世纪末的工程师用内燃发动机让马变得多余，而现在，在21世纪20年代之初，电池又让内燃机、人工智能又让驾驶员变得多余。

X教授就是革命者之一。他每天早起时，脑子里想的全是出行革命的未来远景。他的理想是将尽可能顺畅的出行融入日常生活之中，而在实现之前，他一刻也不愿意放松。他不是个梦想家，也不做基础研究，他只是希望让人们的日常生活变得更方便，仅此而已，但他也不能让步。这与他的童年有关。

肖健雄出生于广东东部的潮汕地区。从这里走出的还有李嘉诚，他如今是亚洲最富有的人之一。腾讯创始人马化腾也是潮汕人。在肖健雄的少年时代，潮州还是"世界工厂"里的一

第二章　智能出行平民化

张工作台，计算机还没开始在这个世界中扮演任何角色，就更别提程序员了。尽管如此，计算机还是成了肖健雄的最爱。他在香港接受了教育，以名列前茅的成绩毕业后前往美国，在麻省理工学院（MIT）取得博士学位，随后在普林斯顿大学（Princeton University）担任助理教授，直到 2006 年创立新公司 AutoX。他的目标是：开发自动驾驶的大脑。他的一部分研究在美国完成，但主要工作还是在位于深圳的研发中心。2017 年，他就已经被《麻省理工技术评论》（MIT Technology Review）杂志评为"全球 35 岁以下科技创新 35 人"之一，次年又上榜 12 位最具潜力的"下一个远见者"（Next Visionaries）企业家之一——这是由宝马和非营利组织 TED 合作搭建的创新平台，旨在以一种全新的方式连接起朝向未来的思考与行动。

截至 2020 年，X 教授在两轮融资中共为他的初创企业 AutoX 募集到了超过 1.6 亿美元的资金。他的投资人包括同属于中国四大汽车生产商的东风集团和上汽集团、网络巨头阿里巴巴、一家香港的公募基金，以及风险投资人深圳宏兆集团。阿里巴巴不仅是金融投资者，还对负责其产品物流的无人驾驶运输车辆非常感兴趣。

至于如何让每个人在经济上都负担得起自动驾驶，X 教授有个很简单却很天才的主意。他开发的自动驾驶系统，比竞争对手、谷歌旗下的 Waymo 公司价格更经济，却同等可靠。目前，Waymo 被视为自动驾驶领域的领军者，其车辆已在美国的亚利桑那州完成单独行驶，不过行驶速度很慢，受到重重保护，也不那么公开。然而，X 教授的 25 台自动驾驶车辆已于 2021 年 1 月在

深圳

深圳这个超级城市的一个区正式上路了。人们在中国头一次可以坐上免费的完全无人驾驶的出租车。没有随车安全员，每个人只要有兴趣且下载了相应的 App，就能体验一番。

AutoX 可以成为自动驾驶进入日常生活的突破口。X 教授使用的是 7 台 50 美元的罗技摄像头以及一套 3D 深度学习软件，而 Waymo 则用的是激光雷达，虽然好用，但是对于大规模生产而言，造价着实太高。它的中国竞争对手相信，AutoX 也能得到美国的许可。而实现这一切，X 教授只花了投资人 1.6 亿美元。相比之下，Waymo 已经砸了 30 亿美元，现在恐怕还不得不采取守势。

除了价格更低廉外，X 教授现在还可以用更快的速度为他的软件收集重要的数据。这是因为，他可不是在亚利桑那州凤凰城这样安逸的城市中的某个严格划定界限的区域里试验他的新能源车。在凤凰城，每平方千米上只生活着 1 200 人，而深圳每平方千米却住着 8 000 人。"交通越繁忙，压力测试就越可靠，技术就能够越快地运用于日常生活，"AutoX 创始人肖健雄说，"如果车辆能在中国大城市的街道上安全行驶，那就会在全世界畅通无阻。我们的自动驾驶出租车 Robotaxi 也是最早一批能在城市道路上开到 80 千米每小时、在高速路上甚至达到 100 千米每小时的车辆。"但是有一种路况深圳没有：陡坡。因此，肖健雄的自动驾驶车辆自 2020 年末以来也在中国西部的重庆试运行。在这座有着超过 3 200 万居民的世界第一大都市中，城市的部分路面相当陡峭。

AutoX 公司的座右铭对于一家中国企业而言很不寻常："平

民化自动驾驶。"但在这句座右铭背后,却隐藏着 X 教授真正踏入自动驾驶之门的特殊动机。这和他的人生紧密相关。正如之前提到的,孩提时代的他经历过大众想要接触计算机有多么困难的境地,而随着时间的推移,这又发生了极大的改变。今天,即便是在中国最偏远的地区,连一位缝纫女工也能买得起一台小巧的超级计算机——也就是智能手机。而这正是肖健雄想要在自动驾驶领域实现的:自动驾驶要让每个人都触手可及,让每个人都负担得起。"通过研发人工智能自动驾驶,为所有人提供交通和物流的普遍可能,"他自信地说,"我会让世界变得更好。"

因此,他从一开始就不走寻常路。Waymo 使用的激光雷达(Lidar)技术,在他看来"又贵又不能让人满意"。Lidar 是 "light dectetion and ranging"(光线探测与测距)的缩写,即借助传感器实现视觉测距和测速的方式。X 教授并不喜欢传感器,认为它们太容易受到高温与寒冷的影响,而且回传的图像也不够复杂。他和特斯拉老板埃隆·马斯克(Elon Mask)一样都对激光雷达不感兴趣,不过马斯克走的却是另一条解决道路:寄希望于摄像头、GPS 和超声波传感的组合。

不过,X 教授这套价格实惠的系统也仍然有些弱点。如果摄像头脏了,那车就等于瞎了。在地处亚热带的深圳常有的大暴雨天气下,这种情况完全可能发生。不过,激光也面临同样的问题,雪和雾也同样会造成危险。考虑到低廉的价格,这些缺陷也不是不能接受,尤其是考虑到如果将整套自动驾驶系统运用 5G 和一台中央计算机连在一起,就能让后者为所有正在路上的车辆实时计算和运转。2020 年夏天,深圳宣布已完成 5G 网络的扩建工程。由于全世界没有一个城市能够如此万物互联,深圳就成了肖健雄最重要的试验田。当然,中国国内还有许多其他城市也会紧随深圳的步伐。

肖健雄认为,在 2025 年之前,自动驾驶出租车将会被大量生产并频繁地行驶在中国的道路上,这样一来,没有人会再对此感到惊异。同样对此坚信不疑的还有美国科技杂志《快公司》(*Fast Company*)。它在 2020 年夏天断言:"无人出租车很快就会游弋在中国的大街小巷。"新冠肺炎疫情不仅仅是提升了中国一国对自动驾驶出租车的期待。

但是,肖健雄难道不担心新技术的安全问题吗?技术难道真的已如此成熟,可以运用在大城市了吗?

"当然担心。"他说。然而对他而言,更重要的是如何提高软件的安全性。如果说最终目标是在繁忙的交通中协调无数的自动驾驶车辆,那么"在空空荡荡的街道上收集数据"就毫无意义了。更好的办法是,从一开始就把人工智能的压力测试设定得越难越好,最好直接从中国的某个市中心开始。尽管 AutoX 在 2020 年 7 月成了除 Waymo 之外唯一、也是中国第一家取得在美国路测许可的公司,但在美国那些空马路上收集路面数据对中国马路没有什么用处。他的车在 2020 年美国路测的里程总数甚至没有超过 40 000 英里(1 英里 ≈1.6093 千米)。

他认为自己的软件现在已经比驾驶员更可靠:94% 的交通事故都是因为人的失误而造成的。他指出,每年死于交通事故的人数,在欧洲超过 2 万,在美国是 3 万,在中国超过 20 万,而全球则高达 130 万。但是,一辆自动驾驶的汽车发生"在右转时没有看见旁边的骑车人"这种情况的概率就会小得多。此外，计算机也没有路怒症，不会冲着骑车人或行人发火，而是始终规规矩矩地保持着距离。

中国政府也有类似的看法，因此尽一切可能支持自动驾驶行业。而在德国，人们现在关注的主要是5G的安全问题（参见第四章）以及自动驾驶的伦理问题。由联邦宪法法院前法官乌多·迪·法比奥领导的伦理委员会认为，只要能证明自动驾驶确实比驾驶员更可靠，德国联邦政府就有义务引入这项技术。但是伦理委员会探讨的核心问题在于，当碰撞不可避免时，当计算机必须决定究竟是一个孩子的生命还是一位老人的生命更珍贵时，情况究竟会变成什么样子。还有一些人单纯是因为将方向盘拱手让给计算机这个理念而感到不安。根据艾睿铂（AlixPartners）公司于2020年初发布的一项调查报告，只有18%的德国人会在自动驾驶的车辆中有安全感，而在中国，这一数字则达到了58%。当被问及是否会将现有的车辆置换为自动驾驶车辆时，虽然有超过一半（54%）的德国受访者给出了肯定的回答，但在中国却有高达84%的受访者愿意这样做。而在美国，这一比例仅仅是44%，也是三国对比中最低的数值。

正是因为自动驾驶在中国有如此高的接受度，有众多玩家向这一未来行业蜂拥而至就并不令人感到惊奇了。X教授的团队的主要竞争对手是滴滴和小马智行（Pony.ai）：作为出行服务提供商，滴滴最近也开始自己造车；而小马智行光是从丰田集团就得到了超过4亿美元的投资，但在技术上还达不到AutoX的程度。其余强有力的竞争对手还包括百度和文远知行（WeRide）。坐落

深圳

于深圳邻城广州的文远知行与雷诺、尼桑和三菱汽车合作，在 2021 年 2 月宣布将在广州的国际生物岛这片由政府支持的生物技术园区内试运行无人驾驶的微循环小巴。根据文远知行的宣传，迷你小巴将在"城市交通条件下"以 L4 级别进行自动驾驶运行，也就是几乎完全自动。

自动驾驶去买菜

自动驾驶技术的发展被细分为五个阶段：L1 级别的车辆的自动驾驶系统能够辅助驾驶员完成某些驾驶任务；L2 级别要具备的是自适应巡航系统，主动车道保持系统，自动刹车辅助系统以及自动泊车系统等系统；L3 级别的车辆可以在特定情况下自动驾驶，但仍保留方向盘，原则上还应由驾驶员操控；L4 级别的车辆在一般情况下自主行驶，但驾驶员可以随时介入；L5 级别的车辆则能够完全自主行驶，无须驾驶员干预。在 L5 级别的车上就可以收起方向盘了。如若发生事故，L3 级别及以下的车辆由驾驶员担责，而 L4 级别及以上的车辆则由生产商担责。由于欧洲的制造商不太愿意承担风险，更专注于不必担责的 L3 级别。但 X 教授觉得这远远不够。他想要让 L5 级别的自动驾驶适用于日常生活。这里不言而喻，他当然想要成为这一发展领域中速度最快的那一个。

他的一家竞争对手滴滴出行，即中国的"优步"（Uber）在 2020 年宣布，将在 2030 年前为其车队配备超过 100 万辆自动驾驶出租车。滴滴也已开始在日常运行中测试车辆。无人驾驶的车辆将由"车联网"(V2X)技术操控,它让车辆能够与滴滴先前在测试地区预装的道路基础设施(如红绿灯等)产生互动。但和AutoX不同,滴滴的车里还坐着一位后备驾驶员。2020年夏,滴滴的无人车项目从日本软银集团(SoftBank Group)拿到了5亿美元的投资。而搜索引擎巨头百度则有知名的阿波罗平台,且已在湖南省会长沙的部分城区开始测试有限度的无人出租车业务。

此外,还有三家无人驾驶领域的中国公司已在美国上市:小鹏、蔚来和理想汽车。三家公司各自的市值介于150亿美元和230亿美元。相比之下,AutoX是花钱最少、负债最低而技术最先进的公司,但它还没有上市。

当然,到最后胜出的也不会只有一家,而是至少半打公司。关键问题在于:这将是哪国的公司。最后,可能还是中国和美国的公司决定这场竞争的结果——除非欧洲甚至是德国的公司能一鸣惊人。但目前看来,这并不现实。大众集团总裁赫伯特·迪斯(Herbert Diess)在2020年秋警告说:"我们不能错失与中美相对宽松的规则相连接的机会。"然而事实上,德国再一次落后了。即便是测试运行许可,在德国乃至欧洲都尚未有统一的规定。德国甚至没有联邦州层面的统一标准,只有地方行政区层面的规范,而巴登-符腾堡州内部就有4个行政区。幸好,技术标准还是统一的。联合国欧洲经济委员会(UNECE)在2020年夏天制定了标准。该委员会是联合国五大地区性经济与社会委员会之一,主要目标是促进泛欧区域内的经济融合,其制定的技术标准包括在高级别的自动驾驶模式下限速每小时60千米。然而,中国和美国并不受这一标准的约束,英国政府或许也会采取一条不同道路。

至少产业界和联邦交通部已在2020年秋达成一致意见,即德国应当成为"世界上第一个允许无人驾驶车辆在全国范围内参与日常交通的国家"。但这项政策到2022年才正式落地。对于一个每天都要获取尽可能多的数据的行业而言,这实在是太久了。

中美商会汽车委员会主席比尔·鲁索(Bill Russo)曾有机会试乘装配了AutoX软件的比亚迪汽车。他的评价非常明确:"对于在现实环境中进行实验,中国公司要开放得多。"这始终是谷歌Waymo、Cruise和Argo.ai等美国公司的缺憾,尽管它们已取得了大笔融资。苹果公司收购了加利福尼亚的Drive.ai,亚马逊公司则收购了自动驾驶出租车企业Zoox,大众集团则向来自美国匹兹堡的自动驾驶公司Argo.ai投资了26亿美元。但如果借用滑雪来比喻:中国人将会直接从难度最高的黑道开始向下滑,而不是只在初学道上练习。

在全球范围内,中国接受了最大的风险,并因此获得了最具价值的数据。不过,在中国自然也有相应的游戏规则。无人驾驶车辆必须至少有1 000千米的测试里程,并且不能有任何交通违法行为,更不能造成任何事故。同时,车辆必须安装额外的监控设备、配备受认证的驾驶员并制定应急机制。自动驾驶车辆还必须完成一系列测试,以证明其能够识别行人、非机动车、交通信号灯以及十字路口或环岛等复杂的交通环境,并做出正确的应对。

要在这一领域收集数据还不用担心后排紧张的乘客,借助物

第二章　智能出行平民化

流服务来实现不失为一个好办法。因此，X 教授也在关注这个话题。装配有 AutoX 人工智能技术的绿色比亚迪汽车早已是深圳日常城市交通中的一道风景线。驾驶室的车门上喷涂着一个显眼的白色字母 X，还画着一只装着刚买的生鲜百货的棕色纸袋，看上去尤为诱人。肖健雄坚信，送货上门将是自动驾驶车辆最重要的用途之一。

在加利福尼亚州，他和华侨徐敏毅于 2014 年创立的生鲜电商 GrubMarket 正式在这一领域展开合作。徐敏毅在中国长大，后来留学美国并留了下来。GrubMarket 的目标，是将达到生态标准的蔬果直接从农场配送至餐厅、商超和消费者手中。这不仅更便宜，而且还能改善气候平衡。目前，GrubMarket 是世界上发展最快的"从农场到餐桌"的公司，而这也早已不是试验性的项目，它最重要的投资人之一是日本市场营销及线上支付公司 Digital Garage 集团，集团合伙人之一则是生于京都、长于加拿大、曾任麻省理工学院教授及媒体实验室主任的伊藤穰一（Joi Ito）。这样就集齐了生态生鲜产销所需要的三重要素：一是生态农场，二是线上支付，三是用自动驾驶车辆配送产品的物流服务。

这就是全球化的运作方式：中国人、美国人和日本人凑在一起，利用自动驾驶技术在加利福尼亚、华盛顿、纽约和马萨诸塞州配送生态蔬果。

现在，他们为接近 5 000 家商超、8 000 家饭店和 2 000 家公司提供配送服务。2021 年 2 月，公司宣布顺利完成第四轮融资，融资总金额达到 9 000 万美元（他们本来只计划融资 2 000 万美元）。这家利润丰厚的公司目前估值已达到 4 亿至 5 亿美元，下一步就是上市。而这一成功的商业模式即将登陆深圳,几乎是板上钉钉的事。

自动驾驶界的微软

X教授并不想要重新发明汽车,而是完全专注于控制自动驾驶汽车的软件。车辆本身来自比亚迪和菲亚特-克莱斯勒(Fiat Chrysler),后者的Pacifica系列小型货车就是最适合X教授项目的理想车型。而中国的街道数据则由阿里巴巴旗下的地图服务商——高德地图提供。高德地图有接近5亿的月活用户,拥有每天都在增长的庞大数据库。

2020年夏天,所有人都在谈论新型冠状病毒,可X教授挂在嘴边的却是他7 000平方米的超级工厂,这是中国自动驾驶汽车最大的数据中心,也是全亚洲无人出租车最大的实验中心。这座数据中心就像是大脑。"我们的无人出租车与之相连,可以像通常的出租车一样从任何一个地点接上乘客,或是将他们送到任何一个地方。"肖健雄说。这是因为,其他的无人驾驶出租车目前只能按照规定的环线行驶,或是只能在确定的两个地点之间往返,乘客也只能在那里上下车。除此之外,AutoX车辆的行驶速度还和人类驾驶的车速相当,而目前,大多数自动驾驶车辆的速度要慢于人工驾驶。

现在,借助机器学习,计算机能够闪电般地判断其接收到的画面究竟是一条拴在街边的小狗,还是行人想要穿过车道而迈出的一条腿。但即便是人工智能,做出这样的判断也需要花费极大的运算力。"我们的无人出租车队每天都在上海和深圳收集海量的数据，而这些数据正是我们进步和完善的推动力。每一辆AutoX的自动驾驶汽车在深圳的街道上每小时大约会生成百万兆字节的数据，数据工厂中的云计算机将会不间断地分析这些数据，并将之输送给AutoX的模拟平台xSim。"

在这种巨量数据面前，无人驾驶若是还想实现盈利，就必须让中央计算机而不是每台单独的车辆来运算数据。这就必须依赖可靠的5G网络，而德国的弱项或许就在于此。此外，至少在自动驾驶还未完全普及的情况下，AutoX的软件还可以和交通管理软件相结合。深圳几年前就已经引入了这样一种人工智能架构，即由华为开发的Atlas系统。这套人工智能的算法可以同时分析20 000个交通摄像头的影像，并与10亿幅预存的图像相比较。这些数据可以协助疏导交通，缓解拥堵。"Atlas系统使得深圳道路的通行能力提高了8%。"深圳交警的一位发言人表示。在某些区域，这一数值甚至达到了17%。而交通违法行为则因为这套系统降低了10%。

现在，AutoX的技术已经打入欧洲。中国与瑞典合资的无人出租车企业，国能电动汽车瑞典有限公司（NEVS）就使用了AutoX的技术，并开发了一套被命名为PONS的车辆自动共享出行系统。NEVS成立于2012年，收购了濒临破产的萨博汽车（Saab），自2019年起由中国横跨多领域的巨头恒大集团控股。安娜·豪普特（Anna Haupt）是NEVS的出行解决方案副总裁。作为工业设计师，她因与同事共同发明了骑行安全气囊头盔"Hövding"而享誉业界，现在则专心于汽车领域，"我们之所以使用 AutoX 的技术，是因为它是软件与硬件、安全性与灵活性的最佳组合，更重要的是因为它能在车水马龙、路况复杂的城市中正常运转。"

总而言之，AutoX 的理念看起来已经成功实现，放在国际上也是如此，但中国依旧是 X 教授的首选。这是因为："在中国有更多的人需要我们的技术。"而且国家也更开明。反过来，AutoX 的技术也帮助安娜·豪普特去关注其他问题：城市车辆应当如何设计，才能不仅是一辆出租车，更是一辆合乘车？而一辆合乘车又如何同时满足乘客对私人空间的需求？豪普特认为，许多人之所以不搭乘公共交通工具而是开私家车，主要是在意车内的隐私。X 教授没有提、也不会给自己提这样的问题，因为正如前文所言，他感兴趣的不是车，而是软件。顺便说一句，这是德国汽车制造商的好机会。

豪普特思考的结果是一款名叫 Sango 的全新汽车：无人驾驶，六座，座位让人想起德国高速城际列车（ICE）上的座椅，只不过座位之间有着可以推拉的隔板。"每辆车只有一个人乘坐的时代，以及每个人都想要拥有一辆汽车的时代，马上就会成为历史，"豪普特非常确信地说，"这一过程将比汽车工业想要让我们相信的要更快到来。"

不过，新冠肺炎疫情给拼车的潮流泼了一盆冷水。疫情后特别有吸引力的，是一个人或者只和自己家人坐在一辆车——一辆自动驾驶汽车里，车内安装的特制空气净化器或是紫外线能够在没有人施加外力的情况下自行对车辆进行消毒。

发展的脚步虽然因为疫情而有所放缓，但最终还是不可阻挡的。新技术的优势看起来实在是太大了。乘坐（自己的）自动驾驶汽车可以带来全新的自由时间：风挡玻璃和车窗可以变成工作和娱乐的互动屏，车辆既可以变成客厅，又可以变成书房。

人们更可能在深圳而非瑞典看到未来豪华车的模样。例如在平安中心的一间展示厅内，电动车商蔚来展出了它的首款概念车EVE。早在2017年，这款车就在全球知名的国际汽车品牌大赛ABC（Automotive Brand Contest）上荣获概念车设计、品牌设计和数字交互三项大奖。负责评奖的是德国商标与工业设计领域的权威机构——德国设计委员会，而汽车品牌大赛不仅是汽车品牌唯一一项完全中立的全球设计竞赛，更是全球最重要的行业竞赛之一。EVE是首辆赢得这一奖项的中国汽车。

在平安中心这座深圳最美的摩天大楼中，EVE与美轮美奂的展厅相得益彰。但这辆车在深圳展出绝非偶然：深圳企业腾讯是蔚来最大的机构投资人，其他投资人还包括摩根士丹利（Morgan Stanley）和安徽省政府。就在新冠肺炎疫情肆虐的2020年2月，安徽省会合肥向当时陷入流动性危机的蔚来追加注资。尽管投资人的构成相当怪异，但蔚来的计划显然已经成功了：仅在2020年，在纽交所上市的蔚来股价就几乎翻了一番。而在一年前，蔚来刚刚经历了巨大危机，甚至不得不大幅裁员才勉强撑了过来。

蔚来在平安中心的展厅由来自伦敦的查普门泰勒（Chapman Taylor）事务所设计，当然显得很气派，但并不过分。展厅有着大面积的白色，各式圆形、浅色的实木板材，一个吧台和以乳白色为主调的转角休息区。位居中央的就是那辆车。EVE带着拿铁玛奇朵式的棕色，在美国得克萨斯州州府奥斯汀的"西南偏南"

大会（South by Southwest Festival）完成了自己的世界首秀。"西南偏南"可是全球技术大咖们的聚集点。硕大的移门和玻璃天窗让人能够一睹车里的设计：浅棕色皮具与灰色织物的组合，营造出的氛围更让人想起客厅而非车的内部。

负责打造内饰的是一位德国人：前宝马设计师约亨·佩森（Jochen Paesen）。在过去的20年，他一直领导着畅销车款、高端品牌和新兴车企的车辆内饰设计项目。作为内饰设计高级主管，他和他的国际化团队在慕尼黑为蔚来创造了一种独特的内饰风格，而EVE就是桂冠上的那颗明珠。

这辆自动驾驶的电动豪车有6个座位：后座被设计成如同沙发一般，旁边嵌入了一个躺椅。而背向行驶方向的座位则让乘客能够面对面地坐着聊天。在躺椅的末端还有一个脚凳，抽出来时，沙发就成了一张床。如果想要自己驾驶，或是通过硕大的前风挡玻璃欣赏街景，前排还有两个传统座位。驾驶员所需要的最重要的数据，都被投影在了车窗上。然而，方向盘、脚踏板、自动变速器、闪光器或者转速表，却统统不见了。"这些东西都已经被藏了起来，因为人们只是偶尔才会自己开车。"佩森说。人们有一张靠窗的椅子可以读书，有一张沙发可以看电视，甚至有餐桌餐椅可以吃饭。"可以说，这里有适合所有生活场景的座位。我们并不希望乘客像在传统的汽车中一样，被迫坐在一个固定的座位上。"不过，目前这辆车还没有市售，而佩森也早已跳槽，他现在加入了韩国的起亚集团。但他设计并已上市的SUV蔚来ES8在2020年也在汽车品牌大赛中斩获大奖。这辆中国车已经不满足于和高端电动车的行业领头羊特斯拉平起平坐了。

第二章 智能出行平民化

自动飞行

自动驾驶在道路上必须掌握的一切,同样适用于自动飞行。现在就已经能看出未来的趋势:城市交通的一部分将会在空中实现。为此所必须拥有的技术就和自动驾驶类似,需要有运转的 5G 网络,自然还需要有合适的飞行器。而全球领先的无人机企业在哪儿呢?当然是在深圳(参见第五章)。中国现在在商用无人机领域的发展也已经开始围绕日常使用展开,线上销售巨头京东已开始利用无人机向偏远的农村地区提供配送服务。货物被集中运送到一个固定的物流集散点,然后再由快递送至收货人手中。目前,已经有越来越多的城市开始使用无人机。外卖服务商饿了么在上海一座 57 平方千米的工业园中用无人机配送外卖,而德国邮政(Deutsche Post)旗下的包裹与物流服务商中外运敦豪(DHL)早在 2019 年就开始在深圳以北的广州用无人机送包裹。不过,DHL 的多轴无人机在广州只能沿着预先设定的 8 000 米路线飞行,相比地面运输可节约大约半个小时的时间。

但是无人机能够运输的不光是包裹,还有人。在纳斯达克(NASDAQ)上市的无人机制造商亿航智能(Ehang),其总部坐落于广州和深圳之间的东莞,现在是全世界载人无人机领域的领航者之一。同时,亿航也是"飞行的士"研发的重要参与者之一。所谓飞行的士,就是小型的自动驾驶航空器,是无人机技术在民用飞行领域的延伸。双座载人无人机"EH216"的速度可达到 95 千米每小时,并且根据载重量最多可实现 32 千米的飞行里程。它既可以自主飞行,也可以由机上乘客或者中央控制站操控飞行。这款载人无人机已在各种气象环境下完成了超过 2 000 次飞行试验，没有任何一家其他公司在该领域拥有如此宝贵的经验财富。2020 年 5 月，亿航和深圳旅游企业岭南控股达成合作，开始共同探索无人机在日常领域的运用，如从机场到岭南集团旗下酒店的直航，此外，双方也在讨论开设购物航线的事宜。

在载人无人机领域，省会广州目前还是稍许领先于深圳的。广州市政府希望将之打造成世界领先的"城市空中交通智能都市"。亿航之所以能够如此大步流星地迅速向前推进，可能因为其母公司是由国企中航工业控股的。但是，在中国还缺少一部规范无人机运用的全国性的全面法律。虽然国务院和中央军委在 2018 年 1 月曾提出一份立法草案征求公众意见，但草案至今尚未生效，只有种种不同管理部门和各级政府出台的地方性政策。目前，广州正全力以赴地支持其最重要的无人机制造商，而深圳必将紧随其后。不过现在，先让我们回到陆地。

一个德国人要"超越你的梦想"

沃尔夫冈·艾格（Wolfgang Egger）不是一个喜欢彰显个性的人。蓝色的条纹衬衫，浅色西服，快 60 岁，运动范儿，头发稍显稀疏，一双澄明透亮的蓝绿色眼睛，只要没有要克服的困难，嘴边就始终挂着微笑。我的空咖啡杯只在手里停留了几秒：当我们走过设计工作室的时候，他就这样刷刷地下着各种指令。在传统的汽车世界，他已经身居高位：全球知名豪车品牌奥迪的设计总监，设计了 SUV 车型 Q7、跑车 R8、奥迪的第一辆

e-tron 纯电概念车。在此之前，他供职于阿尔法·罗密欧，设计的车型包括 8C Competizione 跑车，引擎盖下是一台 450 马力的 V8 发动机。此外，他还曾在兰博基尼旗下的乔治亚罗设计公司（Guigiaro Design）工作过。艾格已经是全世界最杰出的汽车设计师之一，本应当是功成名就。然而，他却并不满足。

通常，设计师到了 60 岁时都已过了自己的巅峰，逐渐接近职业生涯的尾声。但艾格却在奔六的当口，"沉浸于这一辈子最最令人激动的一项工作中"。正如他所说："我还需要些东西。作为设计师，之前的成就还不够。"自 2016 年起，他加盟全球最大的新能源汽车制造商之一比亚迪担任设计师。说得更准确一些，他加盟的是全世界唯一能够自己造车的电池制造领先企业。这家企业同时还是全球最大的电动巴士和最大的电动出租车生产商。在 2020 年，比亚迪的股价暴涨近 400%，它也因此以 840 亿美元的市值超越了戴姆勒和宝马，紧随大众集团之后。不过，即便如此，比亚迪的市值也只有特斯拉的十分之一而已。

2020 是疯狂的一年。由于新冠肺炎疫情，比亚迪上半年的亏损达到 9%，但下半年的产量却几乎跟不上订单的数量。美国的花旗集团估算，到 2020 年 10 月末，比亚迪的订货量就将比其月产能多出 40 000 辆。2020 年，比亚迪共销售超过 41.5 万台电动车，捍卫了自己在中国市场的头把交椅。作为比较：特斯拉在中国只卖出了 14.6 万辆，不过依旧不妨碍其成为全球市场的龙头老大。特斯拉的 Model 3 是全世界卖得最多的电动车，且销量遥遥领先。根据咨询公司麦肯锡（McKinsey）的测算，特斯拉目前每小时就能在全球卖出 42 台车，比亚迪 26 台，宝马 15 台，大众 9

台。然而，进步最大的还数比亚迪，而且它已经为下一阶段的扩张布好了局：2021 年 1 月，比亚迪在港股配售 1.33 亿股，募集资金近 38.3 亿美元。仅次于特斯拉的第二大电动车制造商，自研的电池技术，巨大的国内市场，此外还有顶尖车辆设计师沃尔夫冈·艾格——对于成为深圳的下一个世界品牌而言，这是相当有优势的起始条件。

比亚迪的缩写"BYD"全称是"Build Your Dreams"（成就你的梦想）。公司于 1995 年由王传福一手缔造，2001 年在香港上市，它的名字就是它的目标。21 世纪初，比亚迪生产了世界近一半的手机电池。2008 年，美国传奇投资人沃伦·巴菲特（Warren Buffet）入股当时还名不见经传的比亚迪，斥资 2 300 万美元购入了比亚迪 10% 的股份。到目前为止，这笔投资已为他带来了 3 000% 的收益，他的股份今天价值 78 亿美元。在巴菲特入股后两年，比亚迪被《福布斯》评选为全球最具创新力的十家公司之一。

巴菲特的朋友和他在伯克希尔·哈撒韦（Berkshire Hathaway）公司的合伙人查理·芒格（Charlie Munger），将比亚迪创始人王传福看作托马斯·爱迪生（Thomas Edison）和杰克·韦尔奇（Jack Welch）的结合体。爱迪生发明了电灯泡，而韦尔奇则创立了美国现代企业管理体系。"我想要为这样一个人物工作。"艾格说。对他而言，比亚迪的三个字母也可以代表"Beyond Your Dreams"（超越你的梦想）。因为艾格的雇主不仅是中国最成功的企业之一，更是中国电动车工业的先锋，这个企业以重新定义汽车为己任，想要造出没有汽油发动机的汽车。在艾格加入之前，比亚迪没有什么值得称道的设计,公司 Logo 也和宝马(BMW)的标志极为相似,都采用了巴伐利亚的蓝白色[1]。没有清晰的产品线,什么也没有。比亚迪的电动车卖得很好,噪声很小,但看上去就像是丑小鸭,笨拙,但是实用,就连今天穿梭于深圳大街小巷的比亚迪电动出租车也依然如此。"在这里实现从无到有的机会,对我而言是个巨大的挑战,"艾格说,"但这种挑战正是我需要的,而总裁王传福先生的愿景又让我着迷。"此外,随着电动车的发展,整个汽车行业正处于一个焕然一新的工业大循环的开端:"在这一领域,中国现在确实走得最远。"因此,在比亚迪,艾格能够为汽车的电气化未来赋予新的面孔。"重要的是出行热情的全新形式。"

创始人王传福只希望从艾格那里实现一个目标:当比亚迪发布新车时,设计行业现在必须认真地侧耳倾听。艾格完成了他的使命,创立了一座新的设计中心,在由金属和砖瓦构成的单调的蓝白色工厂世界中,他让人建起了一个周遭呈镜面式的黑色立方体,从远处就能看见它正宣告着新时代的到来。2021 年初,艾格已拥有了 300 名员工,其中 90% 都是中国人。他还找来了法拉利的前任外饰设计师胡安马·洛佩兹(JuanMa Lopez),以及曾任梅赛德斯设计中心总监的米开勒·帕加内蒂(Michele Jauch-Paganetti)来负责比亚迪的内饰设计。

现在,艾格已成功地将中国传统文化与电动汽车的未来融为一体:以龙为原型进行设计,龙须形成车的前脸。"我对此尤为

---

1. 宝马总部位于德国巴伐利亚州,该州的州旗由蓝白两色的菱形交替组成。——译者注

自豪。"这是一条多功能的龙须，行车灯就藏在里面。2018 年，采用"龙脸"设计的 SUV"唐"发售；2020 年，溜背式轿跑"汉"发售。而在 2021 年，第一批由艾格设计的车辆也在欧洲上市：首先是在电车天堂挪威，不过德国也将尽快跟上。首先进入欧洲市场的是"唐"EV600，中高端七座 SUV，在外形上已经可以和豪车相提并论。"唐"已经达到了特斯拉的水准，但价格却要便宜三分之一。此外，艾格借助 C 柱向后开放的车窗设计也让"唐"有别于它在西方的竞争车型。"这台中国车将惊艳所有人。"德国《商报》(*Handelsblatt*) 如是描述这款 SUV。

而同样大获成功的还有高端轿车"汉"。在宽敞而复杂的驾驶室内，占据统治地位的是虚拟操控工具和一面有如笔记本计算机一般宽大的 14 寸屏幕。车门内侧的设计本身就是一件艺术品。82.8 千瓦的电池组保证了车辆拥有 600 千米的续航，这是"新标欧洲循环测试"（NEDC）得出的数据。"它完全能够成为特斯拉的竞争对手。"德国《股东》(*Der Aktionär*) 杂志认为。"汉"的眼中紧盯着特斯拉的 Model 3。

比亚迪欧洲分公司坐落于荷兰的鹿特丹。总经理何一鹏非常清楚，"人们并不会张开双臂欢迎中国汽车的到来，因此我们的汽车必须尤其出色，而我们的服务还要更好。所有的东西都可能会损坏，比亚迪最顶尖的汽车也不例外。这种情况下，就必须向客户展示，我们始终在他们身旁。"因此，比亚迪并不急于进军欧洲市场。"我们倘若失败，不是意味着比亚迪失败了，而是中国汽车失败了。我们在此承担着相当大的责任。"

让比亚迪的品牌站稳脚跟不会是件容易的事。最大的困难在

第二章 智能出行平民化

于：特斯拉实在是太耀眼了。"特斯拉领先我们10年，而且埃隆·马斯克是个非常高调的人。他如果上太空，对品牌一点儿坏处也没有，"艾格笑着说，"不过，我们至少已经作为年轻的设计品牌被市场认可。当然还有很多事要做，但我们都会一一实现。"在他看来，深圳就是走创新之路的地方。"我爱深圳，尤其是深圳速度。"

然而，真正让艾格放开手脚施展才华的，是一款中国汽车厂商还不太在意的车型。一辆成为符号的汽车，与甲壳虫、高尔夫和Mini Cooper一脉相传，也就是一辆真正的"大众"汽车。设计这样一款车要比设计Q7难得多，因为成本问题在这里更加突出。可见，要跨越的门槛相当高。在签下了保密协议，承诺不提前泄露任何信息之后，我有幸成为第一个一睹新车庐山真面目的记者。这款车于2021年4月中旬在上海车展上发布[1]。

艾格一步一步运用着各种自然元素。如果说"汉"和"唐"的设计核心是"土"元素，那现在"就是关于'水'了"，他透露说。我们周围逐渐暗了下来，而当新车终于出现在我们眼前的时候，只有极少数人在场，即便是我这样的门外汉也不由得赞叹：艾格在这款车上确确实实自由地发挥了他的创造力。一辆幽默可爱的小车，像是阳光男孩，想要停在棕榈树下，周身和内部都带着波浪般的形状和线条。这是一辆既让人开怀却又不失棱角的车。之后，它将以四款柔和而清新的颜色亮相上海车展。其中，最令人瞩目的是车的尾灯。"尾灯采用了源自明代的中国结

---

1. 即比亚迪"海豚"系列纯电车型。——译者注

的结构",艾格介绍说,他的脸上整个儿泛起了光芒。这样一来,即便不是行家,也能从后面一眼认出这款车来。无论如何,这将是一辆独一无二地传达深圳生活之感的汽车。目前,这款车还暂时被称作"AE型",但或许最终会以一种海洋动物命名。"不是鲱鱼。"艾格大笑着说。此外,还有全新的比亚迪标志。"这是我们在公司内部自己设计的。"最开始的标志太容易让人想到宝马,第二个好一些,但平庸得像个乐高小人。而现在,幸亏有艾格,比亚迪终于也在企业商标上迈入了全球先进的行列。

不会引发爆炸伤害的电池

现在,当发动机工程师不再制定标准时,设计就在总体上显得越发重要。新兴车型将会是网联、设计与电池技术的结合体。而在比亚迪,因为之前太过于专注电池,所以现在人们必须先学会从设计出发思考汽车。"电动汽车为我们揭开了新的施展空间。汽车变得越来越多样化,"艾格说,"可以更加浪漫,也可以更加可爱或者更加有趣。"艾格想要的是"对传统的创造性破坏"。他根本不想为比亚迪再创造一套设计语言,然后不断重复,而是想要独立地开发每一款新车型。"这种方式在一家传统的欧洲车企当然难度很大,尤其是我们在深圳还是以两倍的速度在推进。"这是怎么做到的?"我们就是把不同的工序堆叠了起来。"

但从根本上说,比亚迪到底还是一家会造车的电池厂商。正是由于这一产业重心,比亚迪才能够成功开发出全球最先进的电池之一:刀片电池。就电池的日常适用性而言,刀片电池很有可能意味着技术突破，因为它不仅降低了起火风险，而且价格负担得起、对环境更为友好，此外还有着令人满意的续航里程。当比亚迪在 2020 年夏推出刀片电池时，竞争对手纷纷感到措手不及。从某种意义上说，这款新电池就是创新的 180 度大反转：重新回到未来。像刀片电池所使用的磷酸铁锂（LFP）原本早就是"一壶过时的凉茶"，电池商很早之前就开始押注性能更出色的镍钴锰酸三元锂（NMC）电池，仅而在和越来越高效的燃料电池的竞争中成功胜出。至少人们在当时是这么认为的。

在很长一段时间内，单体电池的容量是衡量万物的尺度，国家层面上也在推进这一点。但这种思考方式却有巨大的缺陷，因为这和电池组的能量密度相关：电池容量越高，就越有可能发生更加剧烈的自燃乃至爆炸，产生的冲击力要比普通油箱高 10 倍。但电池专家们并不太在意这些问题，而是将之留给消防专家去操心。后者确实按照法律规定提供了解决方案：电池的钢壳越来越厚，泄压口和其他的包裹结构也越来越复杂。因为一旦着火，要在大火吞噬一切之前留给驾驶员足够的时间停车逃生。但问题在于，整个电池组就会越来越重，各种防护装置最终要占到电池组的一半重量。

这就让比亚迪的工程师产生了一个相当简单的想法。如果人们更多地使用惰性且不易燃的磷酸铁锂电池，就不再需要那么多防护措施，最终可以用同样的重量实现相同的功效。此外，它还有一个巨大的优势：磷酸铁锂根本不会爆炸。比亚迪的工程师们向我展示了针刺实验：他们用一根粗针刺入了磷酸铁锂和三元锂电池中。三元锂立刻轰的一声爆炸，一直燃烧了很久，但磷酸铁锂却一点事儿没有。根本不用额外的防护措施来确保电池符合法律规定，即在燃烧情况下，火苗5分钟内不会蹿出电池包。

磷酸铁锂的解决方案还有一大优势：人们可以将长条木材一样的新电池组更好地嵌入车身，以此减少更多重量。现在人们发现，比亚迪从未停止过对磷酸铁锂的研究，以至于发明了一种小巧而坚实的电池形态，这多么有意义。除此之外，磷酸铁锂电池还更环保，其中使用的所有金属都可以完全被循环利用。马克西米利安·费希特纳（Maximilian Fichtner）是固体化学教授、乌尔姆亥姆霍尔茨研究所（Helmholtz-Institut Ulm）副主任，他表示："比亚迪的新电池在体积上只是原来的一半，续航却达到600千米，在中国装配的车型大约只售3.3万美元，零百加速只需3.9秒。我们不得不担心，德国汽车厂商在这一领域将会毫无胜算。"

比亚迪乐于施与援手，已经计划在匈牙利建设一座电池工厂。至少在中国，比亚迪的方案看起来很有可能占领中级车市场，因为只需5 000欧元就可以获得50/60千瓦功率的电池组，这比装配尾气处理系统的燃油发动机要便宜不少。

简言之，比亚迪的解决方案使电池组体积更小、更为安全、对环境更友好，同时在同等重量下可以提供同样的能源。其唯一的弱点是，惰性电池无法驱动一辆跑车，但它对于日常乘用车而言，一点问题都没有。正如X教授和他的自动驾驶车辆所体现的，中国工程师显然特别擅长一件事：发现适合日常生活的简单而实用的解决方案。

然而在这一发展趋势背后，不仅有充满智慧的工程师，还有富于战略思维的政策支持。中国政府很早就意识到，中国可以借助电动汽车和 5G 弯道超车，跃升为汽车工业的市场领导者。现在，中国市场销售的机动车仅有 5% 是电动车，但政府给企业制定了清晰的目标：工信部在 2019 年 12 月宣布，5 年内全国生产的车辆四分之一必须为混动或纯电汽车。除此之外还有一个目标：2035 年起，中国将不再允许销售燃油车。

在这方面，比亚迪无论是面对西方国家的竞争者，还是面对国内的大型国企，都有着巨大的竞争优势：它没有燃油发动机生产线的累赘。比亚迪生产的车 100% 都是电动车，虽然有一部分还是混动。而当电动汽车不再享有税收优惠后，比亚迪的竞争优势将会更大。因为新冠肺炎疫情，对电动车企业的税收减免又被延长了两年。截至 2021 年，中国政府合计已在电池技术领域投资了超过 140 亿美元，大大推动了这项在国际上越来越重要的技术的发展。

现在，比亚迪在国际上已经成为被热捧的合作对象。印度最大的汽车生产商塔塔集团（Tata Group）进一步强化了和比亚迪的合作。而在另一个视中国为竞争对手的亚洲国家中，也有一家汽车制造商决定联手比亚迪。2020 年 5 月起，日本丰田集团和比亚迪开始借助后者的平台和电池共同生产丰田汽车。除此之外，无论是中美贸易战还是新冠肺炎疫情，都不能阻挡全美仅次于通用汽车公司的第二大汽车生产商福特集团选择比亚迪，作为其中国市场上全新插电混动汽车的电池供应商。福特公司希望与长安汽车共同生产这款新车。

另外，比亚迪在很早之前就已和一家德国汽车巨头结为合作伙伴：自 2010 年以来，戴姆勒和比亚迪就共同创立了合资品牌

深圳

腾势（Denza），不过目前还未取得较大成功。2020年1月，戴姆勒再度为这家双方各占一半股权的合资公司注资5 000万美元。腾势的首款电动汽车还只是B级车，销量平平，但现在却推出了一款富有吸引力的全新车型：腾势X。这款车同样由艾格设计，是一台七座SUV，续航里程达到500千米，售价却只有4万欧元。

比亚迪的电动巴士已在国际市场上行销多年，而由艾格刚刚推出的新车型将为深圳的市景打上自己的烙印。提醒一下，仅在深圳一座城市就行驶着1.6万辆电动巴士，且几乎全部由比亚迪制造。艾格成功地赋予了巴士一种轻盈感，能让人对它过目不忘。在电动巴士领域，比亚迪以30%的占有率稳居全球市场的榜首，甚至在美国也有它的客户。

例如，美国洛杉矶市就在2020年夏天和比亚迪签订了一份130辆电动巴士的合约，这也是迄今为止美国在华的最大一笔采购。比亚迪的电动巴士已经在英国、西班牙、意大利、挪威、德国及智利等国家上路；同年12月底，哥伦比亚也购入了470辆巴士。芬兰公交公司Nobina集团共向比亚迪订购了106辆电动巴士，64辆给首都赫尔辛基，42辆给港口城市图尔库（Turku）。英国曼彻斯特市购入了32辆双层巴士。而在德国波鸿和盖尔森基兴两市的公交集团Bogestra的车队里，也行驶着22辆比亚迪电动巴士。这款12米长的单层巴士可容纳80名乘客，续航里程200千米。2021年初，共有超过1 500辆比亚迪的电动巴士在欧洲运行，市场占有率达到20%，而且还有巨大的上升空间。

在生产方面，比亚迪也已经试水进军欧洲市场。自2018年起，公司在法国年均生产200辆巴士，这也是比亚迪在欧洲的第二家工厂。首家工厂坐落于匈牙利,每年最多有 400 辆巴士驶下生产线,第一批车辆已于 2013 年交付给了荷兰。

想到了,做到了,成功了

电池技术和无人机与 5G 技术共同组成了工业新时代的第一批技术,正以中国为起点征服世界。尽管目前欧洲和中国的电动汽车市场体量相当,但中国生产了 75% 的电动车电池。韩国位居次席。此外,中国掌握着电池制造中不可或缺的资源的 80%。欧洲基本不生产电池,但许多工厂已经处于建设中。

在中国,比亚迪虽然在技术上领先,却不是市场上的领头羊。电池市场的龙头老大是成立于 2011 年、坐落于上海与香港之间的港口城市福建宁德的宁德时代(CATL)。排在比亚迪之前的还有三家韩国企业以及一家日本企业,日本企业即特斯拉的第一家供货商松下集团。比亚迪的市场占有率约 10%,宁德时代则为 25%。但比亚迪之外的公司都无法自行生产汽车,它们必须寻找合作伙伴。

宝马很早就开始与宁德时代合作。2012 年,宁德时代就开始为华晨宝马旗下的之诺汽车供应电池。公司创始人曾毓群曾说,他在质量、耐用、安全和性能等方面从宝马那里学到了很多。这确实很怪。欧洲人帮助中国人完善了他们的电池生产,却难以自己建设一座电池工厂。

此外,中国第四大电池制造商国轩高科也对比亚迪紧追不舍。国轩成立于安徽省合肥市,市场占有率已达到 3.8%,现在

深圳

已将总部设在了硅谷的费利蒙市。正如比亚迪受到巴菲特的青睐一样，国轩也成功地吸引到了投资人：2020年5月，大众集团斥资11亿欧元购入国轩高科26%的股份，成为最大股东。此外，大众还在同年获得了其与江淮汽车的合资公司75%的股份并成为控股管理者。作为一家国企，江淮汽车自20世纪60年代起就开始生产汽车；在大众完成收购后，新公司更名为"大众汽车（安徽）有限公司"。"安徽"二字并不是毫无理由地出现在公司名字里，安徽省成为大众集团在中国全新的能力中心和电动交通枢纽。

这两笔交易又花费了大众集团超过10亿欧元。至少在电动车领域，大众CEO赫伯特·迪斯（Herbert Diess）就成功地为集团在中国赢得了杆位。然而，尽管发车时的杆位有利于在竞赛中跑出好成绩，但杆位优势并不等于赢下比赛，尤其是在面对比亚迪这样拥有主场优势并且自己生产电池的竞争对手时。不过，大众还是在电动车市场上位居第一集团。而宝马则凭借其全新的iX3系纯电SUV打开了销量，却不得不在2021年初降价10%，才能在同蔚来和特斯拉的竞争中立足。此外，奥迪和戴姆勒也在奋起直追。

在中国电动车销量排行榜上，德国车企的排名依旧靠后，没有一种车型冲进前10。奥迪和戴姆勒甚至不在前20，而比亚迪共有4款车上榜。不过，国际市场的情况至少还有些不同：2020年，特斯拉以接近50万辆插电式电动车的销量高居榜首；大众以22万辆、比亚迪以17.9万辆的成绩分别位居二、三席；宝马（16.3万辆）排名第五；紧随其后的是梅赛德斯（14.5万辆）排名第六；奥迪（10.8万辆）位列第九。

在中国市场，2020年最大的惊喜莫过于一个在西方世界几乎无人知晓的品牌一跃冲入了销量榜第4名的位置：上汽通用五菱。这家美国通用集团和中国上汽集团的合资企业成功开发出了中国的大众汽车。这一成功本来也可属于比亚迪。

毫无疑问，有的是比五菱宏光 Mini EV 更漂亮的汽车。"形式服从功能"——这可能是习惯于大牌设计的汽车豪门面对这个外来的小矮人时所能说的最有礼貌的话。人们可以说，车的内饰有一种条理分明的整洁感：一切都各居其位。但路易吉·克拉尼（Luigi Colani）[1]式的流线型空调出风口，以及车门内侧的红色把手设计，倒确实相当大胆。这款车共有4个座位，一个小型后备厢，还给电池留出了空间，最高速度100千米每小时，续航里程只有170千米。并且，没有碰撞缓冲区。

在上市三周内，五菱宏光 Mini EV 就卖出了超过1.5万辆，创造了新的世界纪录：从未有一家汽车厂商在如此短的时间内卖出过如此多的电动汽车。从理念构思到发布车型，工程师和设计师才花了短短12个月，而他们所打造的，是提供给那些一直用两轮交通在城市中穿行的人的身份象征。宏光 MiniEV 长将近3米，宽1.5米，高1.6米，轮距不到2米，有着无法撼动的超低售价：根据配置不同，这台小电动汽车的价格为28 800元至38 800元人民币，差不多为3 500欧元至4 800欧元。

---

1. 路易吉·克拉尼（1928—2019），德国著名工业设计大师，善用流线型概念，被誉为"20世纪的达·芬奇"。——译者注

这一类的车型之所以能如此低价，是因为中国政府提供的补贴。廉价电动汽车的供应商如果在农村地区销售其车辆，每台车可以获得约合 1 000 欧元的补助，但必须承诺降价 244 欧元至 611 欧元，以使电动汽车成为农村居民中的新时尚。

目前，许多并不富裕的中国人还习惯于在平常骑电动车、两轮或三轮摩托车出行，但这些交通工具也成了亟待解决的问题，因为其尾气污染空气，或者装配了将会损害环境的铅酸电池。因此，工信部在 2021 年夏天组织了"新能源汽车下乡"活动。这并不是一项拍脑门想出来的计划，因为潜在的市场实在是太大了。尽管城市化高速推进，但在每 10 个中国人中，依旧有 4 个住在农村地区。

"要是我们自己也能行，我倒也不会伤心"

比亚迪从深圳开启了一场可以被称为历史性的范式转换：在汽车行业史上，中国头一次借助一系列科技创新成为领头羊，并且越来越明确地决定着市场的脉搏。同时，中国人在工业史上破天荒地开始在欧洲建厂，生产并不是由西方研制的产品。

王传福希望能将这桩历史性的大事记在比亚迪的功劳簿上。毫无疑问，他当然是先驱者，但在欧洲建厂的问题上，又是宁德时代走在了前面。例如，宁德时代投资 18 亿欧元，在埃尔福特建立了其在德国的第一家电池工厂。尽管遭遇新冠疫情，工厂依旧计划从 2022 年起开始生产，而且随后还可能再建一批德国工厂。宁德时代希望以这里为基地，主要通过铁路运输向欧洲各大厂商供货,并遵守欧洲所有的环境与安全标准。"可见,全球化不仅意味着残酷的市场竞争,还可以是国与国、企业与企业之间的友好共处。"图林根州经济部长沃尔夫冈·提芬希(Wolfgang Tiefensee)称赞道。正是他为这座坐落于阿恩施塔特的工厂的建设牵线搭桥。提芬希在2019年夏天将这项中德合作协议称为"最顶尖的投资",中国的技术向欧洲转移,使图林根成为"欧洲电池技术最重要的基地之一"。当然,默克尔在2018年的表态就冷静很多:"要是我们自己也能行,我倒也不会伤心。"

"不过,比亚迪依旧有机会成为在德国乃至欧洲最为成功的中国新能源汽车商。"首席设计师艾格说。这是因为德国汽车行业的高层经理人心里已很清楚,中国人现在"在全球汽车工业中紧紧握着缰绳。毕竟,我们背靠最大的市场,又拥有最具创新力的电池技术"。艾格得出发了。他的新概念车型正在上海组装,并将在随后的上海车展上亮相。这对艾格非常重要:他要向世界展示,欧洲的设计文化与中国元素和深圳速度的碰撞,将带来怎样的成果。"至少,我肯定不会觉得无聊。很难有什么会超越这三者的结合。"

此外,中国政府从很早起就不仅关心技术,而且更关心制造电池不可或缺的原材料:稀土。稀土行业的领军企业之一就是位于深圳的中国稀土永磁有限公司。中国的稀土出口能够满足世界80%的需求量,而美国98%的稀土需求依赖从中国进口。

问题在于:中国希望更严格地管控稀土这一高科技电池原材料的进出口。对欧盟而言,这是个坏消息。因为不单单是新能源汽车,智能手机或是卫星的生产也需要稀土。与中国不同,西方国家数十年来一直低估了稀土的重要性。在 2010 年至 2019 年任欧盟数字经济专员的君特·奥廷格（Günther Oettinger）现在也认识到了这一点，开始大谈"中国对垄断的追求"，说中国"要毫不留情地将竞争对手赶出市场"。但欧洲主流智库却在十余年前就称赞中国政府在国际稀土市场上的动作具有"战略智慧"，简单地说，中国人就是准备好比西方多花钱。

不过至少自 2020 年秋天起，欧洲成立了欧盟原材料产业联盟。但好的建议通常都不便宜。澳大利亚似乎是一个合作选项，但是，中国每年生产 13.2 万吨稀土，另有 4 400 万吨的储量；澳大利亚的稀土年产量只有 2.1 万吨，储量也只有 320 万吨。除此之外，美国、韩国和日本早已抢先抓住了机会。欧洲只能止步于边缘。

与此同时，中国政府还从战略安全角度出发，鼓励发展替代材料。宁德时代和特斯拉共同研发的"百万公里电池"，首先运用在了特斯拉在中国生产的 Model 3s 车型上。这款电池不仅没有使用钴，而且价格便宜、使用寿命也很长，正和它的名字一样。不过，它还需要改进到符合日常使用，并且在与比亚迪电池的竞争中站稳脚跟。"这一点，我们还没有实现"，即便是特斯拉创始人埃隆·马斯克也不得不承认"还有很多事要做"。

欧洲人现在越来越担心错过风口。虽然很多人在很长一段时间里都认为马斯克昏了头，但美国之所以能在新能源汽车领域跻身全球领先的地位，必须感谢马斯克。这就像是 100 年前的亨利·福特（Henry Ford）[1]一样。在德国，马牌橡胶（Continental）和博世集团（Bosch Group）已经举了白旗，但由两位特斯拉前高管创建的瑞典初创公司 Northvolt 却已经在欧洲建立了两座电池制造工厂，并得到了大众集团、瑞典大瀑布电力集团（Vattenfall）、ABB-西门子及欧洲投资银行（European Investment Bank）的支持。其中一座工厂已于 2021 年投产，另一座则计划于 2024 年投产。

2020 年 2 月，法国总统马克龙（Emmanuel Macron）和德国教育与科研部长安娅·卡利切克（Anja Karliczek）在法国西南部城市内尔萨（Nersac）的一片土地上共同宣布要奋起直追。法国石油与能源巨头道达尔（Total）的子公司帅得福（Saft）、法国最大的汽车制造商标致雪铁龙集团及其德国子公司欧宝（Opel）将在此共同建立一座电池工厂。"我们今天在这里开启电池领域的空客集团！"法国总统在奠基仪式上说，"这是对欧洲主权的投资。"而卡利切克则更为谨慎地将新工厂称作是一条"有竞争力的电池价值链"。但这一切都是未来的空想，因为像比亚迪这样的公司可不会坐等欧洲人迎头赶上。麦肯锡的估算表明，欧洲将会成为继中国之后电池组的第二大需求市场，而德国则是大幅领先的欧洲最大电动车市场。

德国工业应当从其在电池领域的失败中吸取教训：哪一种科技、哪一家公司将在竞争中胜出，不再由德国甚至不再由西方决

---

1. 亨利·福特（1863—1947），福特汽车公司的创立者，借助流水线批量生产使得汽车成功地成为大众商品，走入千家万户。——译者注

定。更糟糕的是，一旦比亚迪等公司无法以最快速度满足市场需求，那么很有可能就会出现"中国优先"的情况，即先将电池供应给中国汽车制造商，再来考虑其他国家。

西方世界只能期待着下一场创新飞跃，如重量更轻、充电时间更短的固态电池。但在这一领域，中国也已经奠定了坚实的基础：来自清华大学的初创公司清陶发展在2018年末就已经开始生产固态电池。戴姆勒和大众集团也投资了这项技术。但在它成熟到可供大规模商用之前，还需要做大量的研究。在这一领域，中国同样也极有可能成为其中的佼佼者。

与此同时，中国还在开发换电技术的统一标准。这种技术使得电动汽车的驾驶员可以简单地更换电池，而不必花费大量时间充电。其实，先前已经出现过同样的思路，但大多数情况下却局限于同一品牌的电池。

与往常一样，中国政府的政策在这个问题上的做法也相当系统："我们将积极推动换电模式，完善换电体系与统一标准。"工业和信息化部在2020年的一份声明中表示："下一步，我们将改善技术发展环境，引导企业改进技术，促进建立成熟的商业模式，进一步提升新能源汽车使用的便捷度。"

在理想状态下，电动车的车主只需要租赁电池，而不必再和车一同购买。这样一来，就可以降低电动车的售价和保养费用。人们不再需要支付电池的钱，而只需为行驶的里程数付费。如果有谁能够成功地为他的企业确立统一的换电标准，那就只能是中国政府。而中国的换电标准日后也很有可能成为世界通用标准。

当电动巴士悄声驶过

为了打入市场,比亚迪首先确保了世界上没有一座城市像深圳一样拥有如此多的电动出租车与电动巴士。在深圳有着 1.6 万余辆电动巴士和超过 2.1 万辆新能源出租车——这一事实重复强调多少遍都不嫌多。超过八成的巴士来自比亚迪。而且这一切并不是从今天才开始的。几年之前我曾到访深圳,在机场一边排队等出租,一边找我的酒店地址时,突然意识到这里的空气是多么清洁。因为在通常情况下,在这种等待长队里总是能闻到汽车尾气的难闻味道。随后,我还注意到,周围是多么安静。没有一丁点发动机的声音。过了好一阵子我才明白究竟是为什么:所有的车辆都是电动汽车。就在那一天,我第一次坐进了一辆中国的新能源汽车。司机在他的仪表盘上架了 4 部不同品牌的手机:华为、三星、OPPO 和小米。中国人对任何一种新技术的热情,确实令人印象深刻。

伴随着新能源车,充电桩也开始进入城市。在这里,每百万人口的充电桩密度要高于欧洲新能源车发展最好的城市(如阿姆斯特丹和奥斯陆),当然也高于任何一座美国城市。深圳共有 6 万个充电桩,平均每百万居民有 4 000 个,而且这座城市自然也有全球最大的新能源车充电站。不过,这座充电站看上去不如听起来那样震撼:它由一座旧的停车场改建而成,六排长长的白色车棚塑料顶下的阴影里,安装着 673 个充电桩。在每一个停车位的地上都铺了黄色的圆柱形钢架,以防止车辆在倒车入库时不小心撞上充电设备。每个停车位都有一套独立的充电柱,这个充电站最多可供 5 000 辆车同时充电。

在这里"加油"的车辆看着一模一样：它们都是蓝白色的比亚迪出租车。司机们却不能在车里休息，摆出他们最爱的等候姿势：把脚跷出车窗。他们现在坐在一间开着空调的等候室里，用 5G 手机看视频，喝杯茶；或者在中国相当流行的按摩椅上好好享受一下推拿；或者，他们就在充电柱之间的步道上来回踱步。一些人带了一张折叠小板凳；另一些人则把席子铺在地上，躺下睡了。

"还挺实用的。"其中一位司机对我说。他和所有给出租车公司干活的司机一样，都穿着蓝色的短袖衬衫。"我开过来充一个小时，就能接着开 10 个小时。"而且电比汽油便宜多了。原来加满一箱油要 200 元人民币，大概是 25 欧元，现在充满电只需要不到 10 欧元。如果赶时间，也可以用 50 兆瓦时的超级充电桩，而不是平常 20 或 30 兆瓦时的普通充电桩。当然，出租车司机充电所花的钱肯定不是市场价，因为电价是由政府补贴的。而如果司机错峰充电，价格还能更便宜，但最重要的是结果：出租车司机很满意，城里的空气也很干净。不过，电还不够清洁。因为中国的电能有 70% 来源于煤炭，这还需要政府做进一步的改善。

传统的充电站看上去和老式加油站很相似，只不过加油枪换成了插头，而生产充电插头的是来自德国绍尔兰、已在中国建厂多年的曼奈柯斯（Mennekes）公司。更为现代的比亚迪充电站则更类似德国的老式投币电话机，只不过换成了可以查询关键信息的彩色屏幕。付款则是用微信扫码。整座充电站是那么的安静，给电动车充电一点儿噪声也没有。说到这里，顺便提一句，全世界第二大的新能源充电站位于德国城市奥格斯堡附近的小镇祖斯玛尔斯豪森——起码经营者是这样声称的。这座充电站每天至少可为4 000辆车充电，为慕尼黑—斯图加特—法兰克福三地间的交通提供服务。

目前，深圳正在建设中国第一座，更是世界第一座卡车专用的充电站。在这座城市成功地将几乎所有摩托车、公交车和出租车都改成新能源电动车之后，就该轮到卡车了。2020年，比亚迪卖出了800辆载重30吨的重型电动卡车，作为水泥搅拌车、垃圾车和渣土车投入使用。这些卡车续航里程可达200千米，最高时速为100千米，且装配有快充系统，只需两个小时就能够充满电。但通常情况下，它们整晚都接在240伏的插座上，这种充电方式需要大约14个小时的时间。

深圳现在所有的公共充电站都由市政府以参股的形式补贴30%。这种投入也不是一般城市能承担得起的。但在这里，最重要的还是结果。通过推动电动出行，深圳每年减排80万吨二氧化碳，可吸入颗粒物污染这项空气质量指数的平均值在10年内从100降到了26。这也要归功于普通燃油车的车牌需要摇号，而新能源车的绿牌却随到随有。这真是一项立竿见影的措施。

"在深圳实现的一切，正预示着中国在未来必须实现的一切。"中国国际电视台冷静地表示。深圳模式是整个中国的模板。也正是出于这一考虑，政府乐于看到比亚迪和中国最大的出行服务商"滴滴出行"展开合作：二者在2020年末共同开启了专为公共共享出行量身打造的电动车车队的试运行。在2020年夏，比亚迪就从工信部获得了生产搭载其电动轿车D1的许可，这款电动车将搭载比亚迪专利的无钴刀片电池。2021年初，滴滴旗下就已拥有1万辆比亚迪D1，到2022年底还将再添1万辆。

这款电动车搭配有侧滑门和功率达100千瓦（136马力）的电动发动机，最高时速接近130千米，续航里程超过400千米。与比亚迪的合作让滴滴能够更好地管理其出行业务，并对旗下车队有更强的监督。而比亚迪则借此巩固了自身的市场地位。我们在之后还将谈到这家企业。

此外，深圳还是另一项发展领域中的弄潮儿。越来越多的深圳人不仅改乘电动车，甚至干脆不开车，而是骑起了电动摩托。早在17年前，深圳就禁止了传统摩托车，因为空气污染实在太严重了。一夜之间，人们被迫从骑摩托转变为骑电瓶车。

市政府必须采取行动，于是决定采用铁腕方式搞突击整治。我还记得很清楚，当深圳交警于2016年秋天在短短11天内收缴了接近1.8万台摩托车后，这些废弃的旧车就在南头检查站旁的立交桥下堆积如山，看上去像是一座废弃垃圾厂。

然而令人惊讶的是，深圳在2020年起严肃地开始了一项试点工作，即为全市超过52万辆电瓶车注册上牌。现在，每一辆电瓶车都必须有一块白色或者黄色的车牌：白色意味着车辆符合国家安全标准，黄色则意味着尚不符合国标，必须在2020年12月31日前升级或置换车辆。正是由于上牌，每一辆电瓶车现在都和身份证（车主是外国人就和居留许可）一一绑定。电瓶车——这些电动出行的狂野先锋，在深圳终于被套上了缰绳。

最后还有地铁。2020年，平均每天有接近77万人搭乘深圳地铁。仅在2018年一年，深圳就新建了278千米的地铁线路。

而这样大的人流需要通过人脸识别系统来管控。注册人脸识别后，就不用再刷月票卡或是手机刷码才能进站，而是可以直接"刷脸"通过闸机。这样一来，就可以避免高峰期进站口的拥堵，并且更加精确地知道在什么时间会出现什么样的人流。2020年夏，由华为开发的"城轨云"解决方案开始试运行。令人惊讶的是，这套系统首先在退休人员群体中开始试点。西方人一般认为，这是最不愿意搞人脸识别注册的群体，但深圳地铁集团采取了吸引人的免票优惠：只要注册，就可以免费乘坐地铁。现在，这套系统正在28座地铁站试点。在试运行阶段，乘客的照片、年龄、性别和乘坐地铁的时间首先都会出现在出站闸机的显示屏幕上。

当人脸识别亮起红灯

自动驾驶的专家们觉得地铁并不归他们管。当听说人脸识别的专家正在管理交通时，他们只是微微一笑，我们随后就会知道这是为什么。但是，西方最熟悉的来自深圳的形象，不是由自动驾驶的先驱，而是由人脸识别的先驱所塑造的。它象征着西方人对这项进步之危险的恐惧，即对监控的恐惧：一套具备人脸识别功能的交通灯。谁闯了红灯、又被拍到了脸，他的名字就会立即出现在一块电子屏幕上。两三年前，这幅画面首次在德语媒体中流传，随之便深深地刻在了德国人的脑海里。

这一切始于2018年的第一批红绿灯试点。原本的设想是将闯红灯的人的姓名、脸部、社保号的一部分以及违规次数公开投影在人行横道路口的LED大屏幕上。谁闯红灯，就要丢脸。这

深圳

项迫使人们遵守交通规则的技术,是由深圳初创公司云天励飞开发的。这家公司创立于 2014 年,与国家超级计算深圳中心保持着紧密合作。在项目试点的最初 10 个月中,共有接近 1.4 万人被抓拍到闯红灯,并被系统识别了出来。2020 年 4 月,该公司获得了超过 1 430 万美元的投资,以准备之后的上市。不过,上市的事情暂时被搁置了,因为云天励飞和华为一样都上了美国政府的黑名单。颇具讽刺意味的是,在上一轮融资的投资人中,就已经第二次出现了来自美国旧金山的风投公司华登国际(Walden)。现在,这一技术已经运用到了超过 100 座中国城市当中,而云天励飞也成为这一领域最成功的公司之一。不过,他们设计的交通灯却未能打开市场,其中多数也已被拆除。

自动驾驶的专家们特别爱讲全球最大的空调生产商格力集团董事长董明珠的故事。据说,董明珠有一天在深圳闯红灯被拍了个正着(当然后来发现这是一场误会),可她本人那天却根本不在深圳。交通摄像头很快就发现了事情的原委:一辆印着她肖像的巴士——这是格力集团的公交广告在人行道红灯时正好开过了路口,于是人脸识别技术就犯了迷糊。这套被深圳交警称为"交通大脑"的系统,就被一辆侧面印着广告的巴士给骗了过去。

对于自动驾驶技术的开发者而言,这是一则有趣的轶事,但在自动驾驶的世界里,不会出现一条空空荡荡的街道上还亮着红灯的情况。在自动驾驶的世界里,交通灯知道一辆正开过来的汽车离路口还有多远,绿灯可以一直亮着,直到车辆驶近路口。人工智能的交通网络如果发现还有一大群人等着过马路,甚至可以让呼啸着开来的汽车减速。碰见推着婴儿车的母亲或是坐着轮椅

第二章　智能出行平民化

的老年人，交通会自动放缓。遇到救护车和消防车时就更是如此了。救援人员绝对不会堵在路上，也不会因为某人没有听到或故意无视警笛声而不得不冒发生事故的危险。

这就是城市新出行的运作方式：自主学习的软件将会提早预见风险，以至于危险的情况根本不会出现。如果有必要，就会有一只带着魔力的手为行人将车流分开。骑自行车的人再也不会离机动车太近，因为人工智能在他的身边为他搭建了一层看不见的保护层。而汽车里的人早就不关注路况了。何必呢？车会自己开的。

第三章

亚文化与中式自由

只有当你固执己见地逆流而上时，才会造就新的东西。

——大卫·凯伊，在深圳生活的英国音乐人兼DJ

在亚热带的空气与雾霾组成的云雾缭绕中，这只巨型螃蟹看上去有些唬人：一对红色的大钳上布满了白色的斑点，灰色的甲壳几乎有5米长。但人们看得越仔细，就越能回想起古老的恐怖片里用混凝纸搭出来的怪物。在大螃蟹前面有好些阿姨在跳舞，整整齐齐地排成3排，跟着便携音响里放着的舞曲的节奏：嗒—嗒—嗒，嗒嗒—嗒—嗒嗒，嗒—嗒—嗒。一群孩子绕着她们奔跑，攀爬着街上的大蜗牛壳。从蜗牛壳的开口中长出茂盛的植物，就像是耳朵里的绒毛。最初的居民又重新抢回了这块地盘。

在一番美化整治之后，石云路成了由村镇广场、萨尔瓦多·达利式的世界以及人行道构成的奇妙组合，专门提供给那些住在附近海韵嘉园高层住宅里的人们。从这片小区的高楼望去，就可以看见海那边的香港。大概有三分之一的外国人在餐馆里吃饭。人们时不时地还能听到粤语，但多数时候还是普通话。这就是蛇口区的一个周五的晚上。

人们聚拢到街边大树下摆开的折叠桌边，把酷热留在了大厦中间。国产啤酒喝起来味道不错。他们把小摩托七七八八地停在面前。有些人抽着城里越来越常见的花里胡哨的水烟。欢快的大笑声穿越整条街道。这些放松时的声音甚至比餐馆和小吃摊用来吸引客源的音乐还要吵。人们就这样把一周的疲惫抛在脑后。

每到周五，乌苏拉（Ursula）和大卫·凯伊（David Kay）也常常坐在洪杰海鲜西餐厅里，这是家老店，除了海鲜，也供应汉堡和比萨。"和平、爱和螃蟹"（Peace，Love & Crabs），3 个单词用硕大的粗体红色字母组成，就挂在入口。店里面是一摞摞的外卖餐盒，两台电视机上都放着某场 F1 大奖赛，但没有人在意，因为没有人坐在里面。在收银台后的墙上挂着唯一的装饰：一个已经积了灰的红色救生圈。服务员来自菲律宾，很喜欢和人聊聊上帝和世界。

整个气氛几乎像是一部昆汀·塔伦蒂诺（Quentin Tarantino）[1]的电影：在大城市小牛仔们的酒吧里。乌苏拉和大卫就喜欢这样。每个人都能在这里随心所欲。"你做你自己，别学我就好。"乌苏拉说。这里的饭菜又可口又便宜。而且当他们的孩子虽然已经累得不行，却依然大声地和其他孩子们到处撒野时，也不会打扰到任何人：5 岁的弗雷迪·李（Freddy Lee）和 7 岁的迪迪·珍

---

1. 昆汀·塔伦蒂诺（1963—），美国著名导演，代表作有《低俗小说》（*Pulp Fiction*）、《杀死比尔》（*Kill Bill*）、《被解救的姜戈》（*Django Unchained*）等。——译者注

第三章 亚文化与中式自由

珠(DeeDee Pearl),都在中国出生。

弗雷迪跑到他父母的桌前,手里拿着斜对面书报亭贴在硬纸板上的收款二维码。这说明弗雷迪渴了。大卫拿起手机扫了码,付了钱。弗雷迪跑了回去,终于拿到了他的汽水。

乌苏拉和大卫已经在深圳住了3年。在此之前,他们在杭州生活了5年。杭州,就是继亚马逊之后最大的线上交易平台阿里巴巴的故乡。他们两人之所以留在中国,是因为这儿比欧洲更让他们喜欢;而之所以住在深圳,是因为他们认为这是中国最有趣的城市,也最符合他们的生活风格。深圳这座城市在国际上的意义越来越重要,甚至在某些领域已经开始引领国际亚文化潮流,因为和世界各处一样,技术创新之后不久就会迎来文化创新。而乌苏拉和大卫则是这座城市的外专先锋队,所以陪着这两位深圳的世界主义者度过一个周末,也让我备感兴奋。

39岁的乌苏拉是一位来自荷兰的时尚设计师,而38岁的大卫则是来自英国谢菲尔德的音乐人兼DJ。他的民谣流行乐队"小舞蹈家"(The Tiny Dancers)在2005年就已经登上了英国排行榜的第32位。在那个时代,排行榜就是黄金标准。他的乐队曾和鲍勃·迪伦(Bob Dylan)[1]同台演出,也和"浪子乐队"(The Libertines)的前主唱皮特·多赫提(Pete Doherty)的第二支乐队"蹒跚宝贝"(Babyshambles)有过合作。大卫曾经遇见过"披头士第五人",也就是乐队的制作人乔治·马丁(Georg Martin),

---

1. 鲍勃·迪伦(1941—),美国著名民谣歌手,代表乐曲有《答案在风中飘》(The Answer is Blowin' in the Wind)、《像一块滚石》(Like a Rolling Stone)等,于2016年获诺贝尔文学奖。——译者注

并从他的厂牌"帕洛风"（Parlophone）那里得到过一纸唱片合约。当时的"帕洛风"还属于全球最大的唱片公司百代唱片。"'小舞蹈家'要么是多样得让人惊叹，要么是杂乱得让人惊叹。"《卫报》（The Gardians）当年如是评价乐队。而在伦敦的《泰晤士报》（Times）看来，这是一个"天才的团体"，而大卫这个"有着'卡里斯马魅力'的坐不住的孩子"就是他们的"王牌"。在英语里，"坐不住的孩子"叫作"fidget"，也是在隐喻烦躁浩室（Fidget House）这种属于合成器流行乐的音乐风格。不过，这可不是大卫代表的风格。

"小舞蹈家"本来可以成为像"酷玩"（Coldplay）一样的大明星，但大卫和他的乐队却只留下了一首成名曲。如今，这位音乐人和作曲家是深圳最具影响力的西方DJ之一。白天，他是蛇口一所蒙特梭利国际学校的英语教师。他还组建了一支乐队，不过现在更多的是出于兴趣。

乌苏拉笑着说，自己曾经是"大卫的乐迷"：他们俩在伦敦的一场演唱会上相互认识，坠入爱河，随后结婚。他们俩的一个共同点是对20世纪80年代的痴迷。乌苏拉梳着一头卷发，就好像是经典音乐剧《油脂》（Grease）里约翰·特拉沃尔塔（John Travolta）的女伴奥莉薇雅·纽顿-约翰（Olivia Newton-John）的发型。音乐剧虽然在1978年上演，却预示了整个20世纪80年代的风格。乌苏拉就喜欢带着上宽下尖的皮带扣搭配的高腰锥脚裤。这种皮带扣可以随意开合，因为它总是带着一颗银色的牛仔扣。乌苏拉也喜欢20世纪80年代的针织衫花纹。这是呈现她那张像毕加索某幅弗朗索瓦·吉洛（Françoise Gilot）肖像的美丽

第三章　亚文化与中式自由

面庞的关键。乌苏拉的母亲来自秘鲁，她的父亲则来自荷兰。

大卫也喜欢表现自我。他有规模庞大的棒球帽收藏，帽子千奇百怪，上面的图案有航母、棕榈树或者是巨大的美国幻想徽章。而且，他特别喜欢那种彩色的宽肩紧身上衣、蜡染衬衫，以及色彩斑斓、引人注目的宽肩大翻领夹克。另外，他还喜欢穿紧身直筒牛仔裤，不是光着脚踩着阿迪达斯的拖鞋，就是穿着20世纪80年代的运动鞋。

这一切都和他一头及肩的金发、浅色的小胡子和精致的五官相得益彰。此外还有好多细节：原装的卡西欧计算器手表，一副配有浅蓝绿色镜片的雷朋（Ray-Ban）飞行员墨镜，或者是一串吊坠项链，上面挂着一颗弯曲的兽牙。但是，衣着的鲜亮颜色被他安静低调、深思熟虑的性格所平衡。只有在舞台上，他才是那个"坐不住的孩子"，平时穿着这身衣服却如此平和而自然，确实让人不太习惯。

不过，在他们各自的个性风格之外，凯伊一家其实是个相当寻常的家庭，周末也会带着孩子去城里的各个游乐园或者淘气堡。但这个家庭却对深圳的亚文化做出了巨大的贡献。他们甚至有一个独立的YouTube视频专辑，专门介绍他们在这儿的生活。

乌苏拉和大卫是怎么想到来中国的？

"我们到中国来，纯粹是机缘巧合。"大卫一边说，一边就着一大口啤酒往嘴里塞了几根已经凉了的薯条。"但是我们留在这儿，就不是巧合了。"乌苏拉补充说。

"我们在这里感觉要自在得多、安全得多。因为我们能在这里按我们想要的方式去生活。"大卫说。

深圳

"在谢菲尔德真是糟透了。我确实害怕。"乌苏拉打开了话匣子,"我几乎每天都被流氓骚扰,光天化日之下一次又一次地遭到攻击,就因为我们穿成自己觉得特别酷的样子。"她说的那段时间,已经没有人记得大卫和他的"小舞蹈家"曾经一飞冲天了。

要是有人穿成哥特风或者滑板少年风,就好办多了,他们俩说。"但我们在哪里都格格不入,"大卫解释道,"对这帮人来说,我们就是他们用来发泄怒火的怪胎。"

如果他们结伴而行,和来自创意界的、喜欢音乐的或是装扮个性十足的人走在一起,"那当然一切正常。他们还能接受我们的样子。但在这个受保护的空间之外,人们就会觉得被我们和我们的朋友激怒了。"乌苏拉回忆说。甚至在超市里也是如此。"我们特意穿得和常人一样,"她说,"但人们还是一个劲儿地盯着我们看,就好像我们有5条胳膊似的,让人难以忍受。当然,你就更不想让孩子们也经历这一切了。然后2010年,毫无征兆地有个猎头打来电话。"乌苏拉说。一家中国服饰品牌正在寻找一位来自西方的女设计师,面试刚好就在伦敦,而且公司很喜欢乌苏拉的网站。于是她立马开车去了伦敦,真的得到了职位邀约。"因为我们本来就觉得很不自在,所以没费什么劲儿就决定:来试一试吧。"

于是他们俩寄存了家具,飞往杭州。在那里,气氛从第一天起就完全不一样。"不光是日常生活中充满了尊重、宽容和开放,人们非常直接地和我们交流,也很欣赏我们的风格。而且绝对安全,在哪里都是。"乌苏拉说。

"这里正在发生着各种新鲜的和不同寻常的事情,于是我们就不再那么引人注目了。"大卫认为。

"不是吧,我们其实更加引人注目了……"乌苏拉反驳说。

"但人们是带着好奇、友善和开放的眼光看着我们,从来不是以一种否定的态度。"大卫坚持说。

不过,这难道不是因为他俩是老外,而很多中国人本来就觉得老外有点儿古怪?

"不是的。这儿也有很多特立独行的中国人。而且因为城市不断在变换,所以人们也没有那么死脑筋。"乌苏拉说。

在杭州生活了5年之后,他们搬来了深圳。"我们总是听到不少关于这座城市的正面评价。但我们来深圳的原因,主要还是在杭州没有迪迪能上的蒙氏学校,而且这儿的空气也要好得多。"大卫说。

我们又各自点了一次啤酒。

中式自由

"深圳比杭州还要更开放、更多元。"乌苏拉说。而且这座城市还在变得越来越多样化,无论是市容市貌,还是亚文化。在大卫看来,深圳总体上对那些不随大溜生活的人相当宽容。

孩子们跑来了。弗雷迪从秋千上摔了下来,不过没啥大事。他就是非要让乌苏拉抱他一会儿,然后就又一溜烟地跑开了。

在杭州之后,他们本来也考虑过移居台北。但那里没什么活动,也没有那么刺激,找份工作也很困难。台北人有些封闭,胳膊肘不往外拐，宁可把工作给自己人。不过，那里的跳蚤市场还是很棒的。

那么，在西方世界还有没有能让他们也觉得自由的地方呢？

"有，在威尼斯，在洛杉矶，在海边，但同时你就会面对犯罪、贫穷、无家可归者、吸毒成瘾的人等。不过，即便有那么多特朗普支持者，美国可能还是要比欧洲更加开放。当我们向这里的中国人讲述我们在英国遭到的攻击时，他们根本不能理解我们说的是什么意思。"乌苏拉说。

"在这里，穿得普通、无聊或者正式都没有问题。在伦敦，你要是穿着白衬衫黑西服，就不能去某些特定的街区，否则就会觉得浑身不自在。在柏林肯定也是这样，对不？"大卫问，也不等我回答就接着说，"这里一切都无所谓，因为一切都在建设。人们始终在尝试新东西。更多元在这里是一种渴望，因此是积极的。"

"但这也意味着这里还不够多元。"我争辩说。

"这已经够疯狂的了。"大卫沉思着说，"在大不列颠，有无数充满创意的人，加在一起或许是一种更广阔的多样性。然而，整个社会却出现了无法弥补的分裂，不仅区分了富人和穷人，更区分了随波逐流的人与不愿随大溜的人。在他们之间没有任何共同点。"

"不过我们根本不认为自己格格不入，"乌苏拉反驳说，"我们既不想一见人就退避三舍，也不想招惹是非，而只是想成为多样性中的一部分。"

大卫坚信20世纪80年代的欧洲要比今天更加开放，这种开放性也是他喜欢那个年代的原因。我想着，只要他作为晚出生的那一代人别把一切都浪漫化了就好。"现在，人们在深圳比在欧洲更有个性。"大卫总结说，"更友好，而且也更加开明地接受每个人都想做自己的事情、都有自己的风格。"

"人们可以按自己的意愿创造性地施展自身才华，无论是做音乐，还是做别的什么。人们可以为更好的环境、为生活的可持续性、为更好的城市去奋斗。而且人们真的可以与众不同。不过，欧洲的年轻人也是如此。大多数亚文化并不想要改变世界，而是更希望为那些志同道合的人创造一个小圈子。"

大卫说，在这里一切更为开放，更加流动。在欧洲，人们必须立马回答这个问题：你到底属于哪个团体？然后就必须相应地规范自己的举止。甚至在部分亚文化中也是如此："如果你是哥特一族，就不能笑。这简直疯了。"

荷兰的情况呢？

"与在家里的时候相比，在国外生活更能认识自己。在荷兰，我在餐馆里不会就这样直接坐到一桌人边上。在这里却不是问题。这里没有什么陈规，而是一个完全开放的城市。"乌苏拉说。

让她尤为惊讶的是，人们在新冠肺炎疫情期间表现得极富纪律性。"在这里，集体要重要得多，尽管这和深圳的个人主义相冲突，但不知怎的，二者就是能够共存。"

"可中国在西方也并不是因为个人主义而出名的啊。"我争辩道。

"这是错误的印象，大概还是来自许多年前，"乌苏拉反驳说,"或者是来自其他省份。至少在深圳这个城市,今天的中国是相当个性化的。"否则,就不会有腾讯和华为这样的大公司,也不会有无数创业公司发明了那么多新奇的事物了。

"这些创新都要归功于那么多充满创造力的开发者。而和硅谷一样,这些可都是个人主义者。"乌苏拉说。

"只有当你固执己见地逆流而上时,才会造就新的东西,"大卫补充道,"我有些时候还在想,个人主义者给世界带去的改变,要比经典的政治更多,因为政治总是迟来一步。"

在这个周末,我还将亲身体验到,他们俩说的话究竟是什么意思。

时尚,蒙特梭利和漫漫长夜

3个小时之前,刚下班的乌苏拉才骑着她的电瓶车过来。她的公司是一家时装设计工作室,位于兴华路上的南海意库,是一处由旧厂房改建的办公楼,离家只有10分钟路程。公司名叫"StyleRich",老板是个法国华裔,所有人都叫他K.Y.。过去30年,他一直在为法国的时装品牌设计服饰,现在想要建立自己的品牌,所以才招了乌苏拉。

大门口是一个深蓝色的水族箱,里面养着硕大的橙色金鱼。除此之外,这里充斥着Loft的氛围:白墙。用旧了的上了漆的地板。到处都是挂满衣服的滚轮衣架。办公室用玻璃墙分成几个隔间。在Loft的后墙上,乌苏拉向我展示了她的潮流板。她为2021/2022年设计了一个冬季复古系列。高腰牛仔裤和方领灯笼袖针织衫，或者是带着猫咪蝴蝶结的女士衬衣，领口有着一长条细带。古驰（Gucci）也有同类型的男款，而这种设计穿在梅拉尼娅·特朗普身上看着也很搭。乌苏拉还设计了 Boho 长裙，融合了波西米亚和嬉皮士风格。不同的版式也同样挂在绒绒的墙上，在架子上则立着一个红色的复古音响，还带着磁带机。

乌苏拉在这里还没干满一年。这个工作是她在菲律宾巴拉望岛（Palawan）一片梦幻般的海滩上"找到"的。她的女儿迪迪偶然在那里碰见了学校里的一个朋友，朋友的母亲就在"StyleRich"工作。而当这位女士在 2020 年春天因为疫情不愿回到深圳时，乌苏拉就得到了这份工作。她的老板并没有给她立很多规矩，只有一条：她必须首先关注法国市场，并设计一套"法式浪漫"风格的服饰系列。

于是乌苏拉便开始设计一套情绪板，然后就去了广州，探访全世界最多彩的原料市场，去寻找合适的材料，如高质量的有机棉花。有些东西她在那里找不到，于是就自己发明，如镶边女士衬衣，配有刷上去的充满力量感的图案，花纹看着要狂野。乌苏拉就试着用左手去刷，效果不佳。再来一次，闭着眼睛刷，还是不行。"最后我灵机一动，决定让孩子们来画。"她给两个孩子请了一天假，带他们去了工作室，在地上铺好了纸，让孩子们用黑色的颜料在上面画玫瑰和星星。"当然，孩子们画得到处都是，未必全在纸上，"她笑着说，"但至少有几个图案还是相当不错的。"于是她就把这些作品拿去扫描，老板对图案相当满意。不过，她并没有告诉老板自己究竟是怎么设计出这些图案的。现在，迪迪和弗雷迪画的星星和玫瑰就被印在了这一系列的某些女士衬衣和裤装上。"我不知道,这样的事情在欧洲究竟有没有可能发生。"乌苏拉说。

新品牌的名字叫作"Ilyma"。乌苏拉希望她设计的系列能打开市场。不过,这一次她还没有融入中国元素。她觉得为时尚早,但这一系列还是间接地体现了深圳特色。这是因为创意的过程总体上更为开放,人们其实根本不可能脱离深圳的影响。这一点,她在自己的第一份工作中就已经确认过了。当时,她是一家名为"Drift"的深圳公司的创意总监。这家公司运营着不少酒吧和夜店,而她的第一项任务就是重新设计"Drift Bar"这家大型俱乐部。"你可以做你想做的一切,关键是要让酒吧看上去又酷又独一无二,"领导对她说,"而且连预算都没有上限。"乌苏拉说她惊呆了。

这个夜店是给"光鲜有钱、开着玛莎拉蒂和法拉利的中国年轻人"打造的。乌苏拉有了个主意:谁开的车最贵,就可以把车和朋友一起带进来,去到某种玻璃制成的雅座包间。"实际上傻透了。但我们还是把它造了出来。"乌苏拉把夜店的主题部分设计成了"银翼杀手"(Blade-Runner)风格,相当繁复,相当昂贵,到处都是细节,而且根本不像深圳很多俱乐部那样一尘不染。像外星生物一样的毛绒动物被放在皮质的黑色扶手椅上,这里还有着硕大的金色的美元标志、巨大的LED屏幕、纹路狂野的大理石桌面、彩绘玻璃,以及一堵由旧电视和旧滑板组成的隔墙。墙上全是涂鸦,不知哪里用荧光笔写着:"未来属于好奇的人"。在一张台球桌旁,有一只一人高的粉红豹在一辆粉色的购物车内虎视眈眈。而在DJ台边,斯蒂芬·金(Steven King)悬疑小说《死光》（*It*）中的小丑手里拿着一只气球，不怀好意地冷笑着。在它身前，有一个穿着黄色雨衣的孩子背对观众站着。

"最棒的是主题房间。其中有一个是关于巫术师，有一个是关于外星人的。在一座陈列柜里躺着一个银色的外星人，像是E.T.那样，周围都是有毒的液体，"乌苏拉回忆说，"俱乐部的生意非常好。但一年之后我接到电话：'不好意思，我们准备关门了。'这就是深圳。我们刚刚准备设计一个KTV俱乐部，每一个空间都有不同的主题。"俱乐部的网页现在还能访问。

大卫的工作就不那么听命于时代精神。他是有着500名学生的蒙特梭利儿童之家的老师。迪迪和弗雷迪也在这儿上学。这所学校有四栋四层的教学楼，红色的外墙和白色的柱子让人想起美国南方的建筑。楼内的一切都粉刷成了乳白色和奶油色，亮堂堂的，显得友好。墙边都是齐胸高的木质架子。教室采光很好，室内摆着白色的小桌子，以及典型的蒙氏教具：木质的分类和堆叠玩具，用于学习乘法的珠子或是颜色板。地面是鱼骨纹的拼接地板。室外有一片树下的探险游乐场，以及一座蔬菜园。3岁以下的孩子甚至还有一片自己的天地。"这在城里是多么奢侈。"大卫说。由玛丽亚·蒙特梭利（Maria Montessori）于20世纪初发明的教学法在这里特别受欢迎："尤其是在一个像深圳这样富有创意的城市，家长们特别认同蒙氏教育。"大卫说，"他们已经发现了传统教学体系的问题。"三分之二的孩子是中国人，他们在这里学习使用自己的全部感官去尝、去摸、去听，并且学会去看手机之外的东西。

能给他的孩子们这种形式的教育，让大卫很开心。他的学校越来越受追捧。现在，深圳已经有了3所蒙特梭利学校。

另外，对凯伊一家至少同等重要的是：大卫在那里工作的时间越长，他们要缴的学费就越少。深圳的生活成本已经越来越高了。

周六或者周日，乌苏拉也会教一次课，在城市公园里教"创意户外英语"。她让孩子们围坐在红白相间的野餐垫上，给他们读英文书，然后大家一起做手工。乌苏拉对这个项目非常自豪："我们使用自然材料来创作小小艺术作品，比如扇子，或者有异域情调的雪人。"这样，孩子们就能把手里的东西和他们学会的英语名词对应起来。"越来越多的家长不愿意再让他们的孩子只在 iPad 上学习线上课程，而有些孩子根本没有了学习的兴趣。但在我这儿却完全不一样。我们一起出门，有时也去公园，去寻找做手工的材料。英语里也说'Trash is treasure'（变废为宝）。人们可以用树叶、树枝和石头做出非常棒的作品。而且，我们很确定不会找到什么注射针头，因为在公共场所没有什么瘾君子。"

周三晚上，乌苏拉还会去上武术课，还因为踢教练举在胸前的拳击垫的高鞭腿特别凶狠而出了名。她的孩子们也学功夫。虽然他们每天的作息并不像大多数中国孩子那样环环相扣，但整个一周还是排得满满的。因此，凯伊一家才特别期待每周五晚的海鲜大餐。

不过现在已经过了晚上 11 点，孩子们都累了。他们已经蜷缩在椅子里睡着了。乌苏拉和大卫把他们领回了家。他们住在一栋高层住宅的 27 层，三室一厅，100 平方米，还有个大阳台。每个月的房租折合 1 400 欧元。从窗外望去，甚至能看见楼前的一片海景。当孩子们在小床上折腾的时候,大卫开始换衣服。他今晚还有一场演出,必须得先走一步。

快闪派对和文化工厂

已经过了午夜。人们大老远就能听到音乐的节拍。镭射灯照向深圳港的夜空。深圳渡轮码头就在街角,人们只有从这里才能坐船去香港。音乐节奏里混杂着重型货车的发动机声,以及物料传送带的齿轮声。沙子、石材或者煤炭就在这里装船。这是世界第三大港口。与之相比,汉堡港就要小得多,只能排在世界第19名。这个深圳港的集装箱吞吐量可是汉堡港的5倍。

就在这当中的海港路1号,是2020年底新开张的设计与文化中心"SO创意码头"(Sage Observatory)。今天屋顶露台第一次成为舞池。大卫已经在这里的"屋顶之夜"工作了两个小时,这是一场快闪派对。

作为DJ,大卫的艺名是"Ectoplazm"。他穿着自己的标志性装备:一块巨大的肩甲,装有红色的镭射灯。在人造的迷雾中,红色的灯光向上照射,就好像生活在1.4亿年前的巴哈达恐龙(Bajadasaurus)的背刺。这些背刺本来应该用来吓退敌人,并增强恐龙对异性的吸引力。无论如何,大卫已经因为他的背刺肩甲在整个深圳出了名。他还在中国参加过若干大型音乐节。他曾经和瑞典音乐家Devereaux 85和Don Voyage共同在全国巡演,甚至曾经和"College"同台演出。"College"的真实身份是电子乐传奇、法国人大卫·格雷利耶(David Grellier)。他因为给戛纳电

深圳

影节获奖电影《亡命驾驶》(*Drive*)创作背景音乐而声名大噪。

客人们很喜欢这块场地。天台上都是人,中国人、外国人都有。许多人身上都有文身,穿着各种潮牌:维吉尔·阿布洛(Virgil Abloh)创立的 Off-White,或者是由里卡多·提希(Riccardo Tisci)设计的新款巴宝莉(Burberry)连帽衫。有着这样一群客人的派对本来可以在世界上的任何一个地方举行。

就在天台旁,灰绿色基座上的传送带依旧在不停运转。镭射光时不时地跃进其中。一条传送带向上运输,最后消失在一栋大型建筑里。它的基座是一栋大约 6 层,甚至可能有 8 层高的怪异的金字塔形建筑,外侧包裹着层层钢板。设计虽然怪诞,但是和 LaRoux 乐队的《反思就是保护》(*Reflexions are Protections*),或者是 Wolfram 的《再难记得》(*Can't Remember*)这样的歌曲倒是很配。中间是堆成山的沙子和石块,扬起的尘土被微风吹到了这里。远处则是深圳灯火闪烁的天际线。在黄色的灯光下,深圳港巨大的龙门吊就像是德国隐形冠军、来自柏林附近小城埃伯斯瓦尔德(Eberswalde)的公司阿德尔特(Ardelt)的产品一样。在街的另一侧则是灰色的写字楼,窗户泛着幽蓝的光。一栋可充气的气膜建筑伫立在中间,外表层让人想起一床棉被的图案。

文创中心内的商铺和办公室现在都已经关门。"T 馆时间"(T House Time)也已经打烊。这是一家相当潮的店铺,将茶文化与流行文化结合在了一起。装着待售茶叶的玻璃瓶相当考究,看上去像是琴酒瓶。每一种茶都被打包在色彩斑斓的纸箱里,纸箱的颜色在整家店富有科技感的冷酷设计中闪耀。这就是今天深圳的

第三章　亚文化与中式自由

茶文化。

另一家店供应在香槟桶里酿造的中式烈酒，混合烧酒。每一瓶都独一无二，贴着独特的标签。

楼上几层则是设计工作室，如海纳曼（Heineman）的潮鞋，或崇尚技术的英国工业设计师迈克尔·杨（Michael Young）的工作室。后者的创意已经登陆了全球多座大型的设计博物馆，而他在这里也有一间小展厅，陈列着他的最新作品。

不过现在，整栋建筑已经空无一人，只有天台上还热闹非凡，音乐的节奏让一栋楼都跟着一起震动。在冷白色的酒吧吧台，身着黑衣的酒保不断调着鸡尾酒，快要忙不过来了。人们能闻到"莫斯科骡"（Moscow Mule）[1]里的姜味儿，有时也能闻到大海的味道。

周日，快到中午。我们约在"G&G创意社区"一起吃Brunch。这片区域原先是一座玻璃厂，现在则成了一个文化中心。入口处写着："一个开放分享创意的社区"。凯伊一家坐在一个集装箱顶上的一把硕大的白色遮阳伞底下，四处张望着。时髦的灰色大软垫已经把集装箱改造成了相当舒适的小坐休憩之处。集装箱前的碎石地上停着孩子们的自行车，大花架里的青草正在随风飘摇。一个年轻的中国家庭从凯伊一家面前走过：妻子穿着亮黄色的工装背带裤，亮绿色与橙色拼色的袜子，搭配着德国勃肯牌拖鞋；丈夫则推着婴儿车。在对面的"山雀烘焙"（Chickadee）门口坐着两个男孩，他们戴的VR眼镜能把眼睛完

---

1. "莫斯科骡"是一种用伏特加、姜汁啤酒和青柠汁调制的鸡尾酒。——译者注

全遮住，吸引着他们进入另一个世界。店里则有一台重达85千克的意大利"辣妈"牌（La Marzocco）Strada 型变压咖啡机，吸引着所有人的目光。黄绿色的机身，售价大概折合2.5万欧元。行家知道：这台机器每一种萃取模式都有4种可以自主设定的程式。正是这款来自佛罗伦萨的机器在20世纪30年代奠定了意式浓缩咖啡机技术。但如果是在今天，类似的产品可能就会是在中国发明的了。

在原先厂房前面的一块空地上，有许多置于集装箱中的快餐馆提供花式繁多的餐食，其中还有一家类似20世纪30年代美国制造的清风房车，闪耀着金属的色泽。许多客人带着宠物狗，因此园区内甚至还有一小块给狗狗们嬉戏的场地，里面有小隧道、技巧赛道和各式各样的玩具。"孩子们也在里面玩。"乌苏拉笑着说。

G&G创意社区的核心是一座混凝土浇制的巨大活动场馆，馆外宽阔的露天台阶也可以被用作音乐会或是戏剧演出时的观众席。在隔壁的空间中，有一幅彩色的、相当写实的虎脸画凶狠地盯着大厅，最少有10米长、3米宽，气势恢宏，一点儿也不庸俗。但除此之外，G&G就是一座文化工厂，在西方许多大城市都能见到看上去相似的机构。只有一个区别：这里花的钱更多。这里所有的一切都做得更繁复、更昂贵。不过即便在这里，爬满青藤的外墙上也画着涂鸦。在整座建筑后面的一片闲置的空地上，还有许多彩色的旧集装箱堆叠在一起，等待着发挥新的作用。在这里，乌苏拉和大卫感觉自在极了。

第三章　亚文化与中式自由

宁要模拟器，不要奥威尔？

但是，深圳和其他中国城市让他们俩不满意的，是那种"要变得越来越整洁、越来越规范、越来越干净的执念"。大卫认为，他倒是理解人们为什么有这种追求，但也觉得每个城市都需要一种地下运动，需要某些角落和边缘，在里面不是每样东西都需要被擦得锃亮。"希望两种生活方式在这里都能继续发展。"他一边说，一边又啜饮了一口他那一大杯加了奶的咖啡。炒鸡蛋已经凉了，孩子们不愿再把它吃完。

乌苏拉和他有同感："我喜欢那些疯狂的摩的，才不愿意坐在一辆崭新的电动出租车里堵在路上。我完全不能理解深圳禁止电动车载客。政府认为太危险，但我觉得这样的决定应当由人们自己来做。"

另一个令人失望的例子，"深圳人才公园的夜景美极了。公园临着大海，里面还有个湖。晚上的时候，建筑在灯光的照射下显得非常漂亮。但人们在那儿买不到小吃或者饮料，公园禁止小商贩入内。"乌苏拉认为，深圳得注意别把对秩序的追求搞得太过。

水果沙拉上来了，同时还有中式小点心——溏心糯米小球。

自从大卫在深圳生活以来，有件事让他尤其印象深刻："在欧洲城市中总有某些阴森的角落或者街区，带着一股'开膛手杰克'的氛围。这里却没有任何一个最好别去的区域。这叫人烦躁，我也知道智能手机和各种 App 让日常生活变得方便多了，但我在深圳每走一步，都会留下海量的数字痕迹。"

深圳

腾讯是需要为此负责的公司之一。大卫和乌苏拉并不了解这一块,所以我就给他俩讲了我刚刚研究过的这家企业令人难以置信的历史。1998 年,马化腾和张志东在深圳创立了腾讯。当时,他们手握美国风险投资人的投资。这家年轻公司的第一个项目,就是即时通信软件 QQ。QQ 一经推出便大获成功,使得腾讯在短短几年内就开始盈利,逐渐上升为中国互联网行业的龙头老大。

但真正让腾讯出名的还是 2010 年推出的微信。这款中国版 WhatsApp 今天在全球已有 22.1 亿用户,当然,大多数还是中国用户。在和支付宝一样,微信还是最重要的在线支付平台之一。

如果根据企业市值来算,估值 8580 亿美元的腾讯是继苹果、石油巨头沙特阿美、微软、亚马逊和谷歌母公司 Alphabet 之后的全球第六大公司,拥有超过 6 万名员工,但这家公司不止有微信这一个软件来帮助人们放松。

现在,腾讯业已成为世界最大的游戏平台。中国在电影和其他文化出口领域至今未能完成的工作,看起来已经在游戏行业实现了。过去几年来,腾讯在世界电子游戏领域开启了大规模收购,而在 2020 年,这一行业的营收总额高达 1 750 亿美元。今天的腾讯不仅是全球最大的电子游戏开发商,同时也大量持股国际各大游戏制作大厂,包括制作《部落之战》(*Clash of Clans*)的芬兰超级细胞公司(Supercell)、制作《堡垒之夜》(*Fort Night*)的史诗游戏公司(Epic Games),曾经推出过《魔兽世界》(*World of Warcraft*)、"守望者"(*Overwatch*)、"使命召唤"(*Call of Duty*)和"糖果传奇"(*Candy Crush*)的动视暴雪公司(Acitivision Blizzard),以及开发"纪元"(*Anno*)系列游戏的育碧(Ubisoft),

还有手机小游戏领域的全球老大,即法国的巫毒公司(Voodoo)。

人们得清楚:在美国,中国游戏在2020年第四季度占据了游戏市场20%的份额。如果说日本和美国企业在电子游戏领域的兴起阶段用游戏机和手柄占据了市场,那么中国企业就在今天通过手机游戏居于领先地位。据估计,全球共有24亿人经常玩手游,占全球游戏市场的一半。仅在中国,2020年就有超过6.6亿游戏玩家,产业营收430亿美元,增幅高达20%。在全球手机游戏领域,中国占据了六成的市场份额,而腾讯已决心在未来几年实现海外游戏营收占比过半的目标,现在这一比例是23%。腾讯的商业模式并不是卖游戏,而是向用户售卖特定游戏中的代币或超能力。这就意味着,用户首先被吸引进入游戏,但随后要想迅速升级,就必须老老实实打开钱包交钱。一边放松,一边消费。

乌苏拉和大卫两个人都决心要在尽可能长的时间内让孩子们对前信息化的世界产生兴趣,比如借助他们刚刚创作的精美童书。这是他们在自家小狗佩佩走丢之后灵机一动完成的。他们告诉孩子们,佩佩是去探索中国了。为了安慰他们,乌苏拉和大卫每天都会在孩子们睡前给他们讲佩佩的历险故事。顺便提一句,佩佩的名字来自大卫最喜欢的球员——西班牙门将佩佩·雷纳(Pepe Reina)。总之,夫妻俩就这样创作了一系列绘制精美、双语押韵的童书。乌苏拉画画,而大卫则负责写诗:

"小狗佩佩住在中国,在他心里哪儿都比不上这里。"

他们甚至为此写了一首歌。

这套英汉双语读物已经出了4本。佩佩的冒险不仅发生在北京、上海、香港还发生在一些乡村。"孩子们会喜欢这些可爱的故事的。"住在纽约的华裔博主玛丽亚·阿德科克（Maria Adcock）写道。她的网站"双重文化的妈妈——迎接两个世界中最美好的那些事物"曾多次在美国获奖。

现在是该出发的时候了。凯伊一家还想去汇港购物中心（Gateway One）吃火锅，但我们先去看了看 G&G 创意社区里面的 Beeplus 联合办公空间。这是一处 3 000 平方米的大型高端共享办公空间，共有 600 个工位。在这里工作的人每天都要面临选择的烦恼：有上百种饮料，当然还有供应各式"潮流"茶饮的茶吧。但这里最吸引人的地方是，在一面木墙上打造了宽敞的开放式睡仓，以供午睡或是加班太晚时偶尔过个夜。大堂也很有意思：这是某种室内市场，层高 7 米。这块空间对所有人开放，不光是租客。只要花上差不多 5 欧元就能在这里待上一天，还能品尝无限软饮。

Beeplus 是几个大学生在 2015 年成立的。他们的商业创意如此有趣，以至于哈佛大学甚至对此专门做了项目调研。创始人之一是来自香港、现居深圳的戴健进（David Tai），他和他的团队在邻城珠海拥有 7 家餐厅。他们的第一个共享工作空间是用集装箱打造的。"我们从乐高积木中发现了这个模式。"他们想要成为"提供世界级的生活方式解决方案的公司"。2019 年，他们在 B 轮融资中获得了将近 1 200 万欧元的资金。现在他们已经在深圳开了一家按他们自己的说法占地 3 000 平方米的世界最大面包房。"疯了吧，"乌苏拉说，"谁会需要这么大的面包店？"

第三章　亚文化与中式自由

OIL 俱乐部中的漫画女孩

晚上，大卫还有一场演出是在 OIL 俱乐部。在寻找地址的时候，人们还会一度以为走错了地方。这儿白天虽然热闹极了，但一入夜，地铁下沙站的附近却像是被搬空了一样。这是一片没有餐馆的办公区，下了班自然也就没有人了。但只消转过一个弯，就能在泰然大厦前看到簇拥着的一大群人。对等待着的人们而言，这家俱乐部是一处圣地，像是某座让人大汗淋漓的电子乐氛围的大教堂。这里灯光技术是最新潮的，声音也是环绕立体声。用不着惊讶：设计这家俱乐部的，是住在上海的 3D 艺术家和设计师金·劳顿（Kim Laughton）。大卫说，劳顿可是全中国一流的设计师。

这间营业到早上 7 点的俱乐部就像是为 DJ 大卫量身定制的一样。在他的身后是一台 20 世纪 80 年代的巨型电视，在上面闪耀着拳击比赛的图像。他播放起复古浪潮（Retrowave）和复兴合成（Synth Rival）电子乐，拿旧瓶装了新酒，用他自己的说法，就是"复古未来之梦"。那些在人造烟雾中不断按着节奏摇摆的身体，完全沉浸在他的节拍之中。每个月，他都要来这里演出一到两次。

OIL 俱乐部成立于 2017 年，它已经是中国顶尖的电子音乐俱乐部，甚至比上海的 ALL 和杭州的 LOOPY 都排得更靠前。"OIL 因为有本土天才和全球电音界大师共同登场的精彩演出而声名大噪。"《电子节拍》（Eletronic Beats）这样写道。这可是电音领域全世界知名的音乐杂志之一。而小众旅行指南《孤独星球》（Lonely Planet）同样认为，OIL"可能是全中国最好的地下俱乐部"。来自伦敦的世界级 DJ "Kode9" 是最先创作回响贝斯（Dubstep）的电子乐制作人之一，在他看来，OIL 甚至"可能已经跻身全球前 5% 的顶尖俱乐部"。无论如何，至少有一点是确定的：OIL 或许是中国最自由的俱乐部之一。

"我曾经看到过有一个哥们儿穿着女士内衣，在我的调音台前跳了一整个晚上。"大卫顶着音乐喊道。他的肩膀夹着一只耳机，压在自己的耳朵上，"没人对此有任何意见。"

人们也能在这里见到深圳的漫画女孩，穿戴打扮得就像日漫中的同名人物一样；还能见到哥特文化的爱好者，脸涂得惨白，眼睑乌黑。和西方大多数俱乐部不同，这里几乎没有入场查验。即便是穿着像是个德国背包客——短裤、白袜、拖鞋，要进场也能进场，怎么样都行，这里推崇一种五彩斑斓的风格混搭，而不是一锅一模一样的粥。在两位主理人孙慧源和宋杨杨看来，这是最重要的。得感谢他们俩，让深圳在香港人眼里摆脱了"早早上床睡觉之城"的刻板印象。

孙慧源讲述了俱乐部创立的过程："我是个典型的'深二代'，完全和这座城市紧密联系在一起。别人说深圳是文化沙漠，让我很受伤。但 10 年前这么说，确实也不能算错。"于是，他就和好朋友杨杨合计，花了一年半时间挑选合适的场地。可是他们没有搞俱乐部的经验。"我原先是个卧室电子乐制作人。"孙慧源说。这是一场冒险，幸亏成功了。现在，国际电音巨星如 Kode9、Jacques Greene、Nina Las Vegas 和 Lotic 都已在 OIL 登台演出，而周围的餐馆都争相邀请主理人和 DJ 上他们那儿去吃饭。"我们到哪儿都不用排队了。"孙慧源笑着说。

"这里的听众渴望新东西,又开放又充满感恩,"大卫评论说,"而且他们乐于为自己听到的东西付钱。"西方的 DJ 当然能"立马感受到这里与众不同的启航情绪"。

孙慧源也有同样的经验。Mala 这位来自伦敦的制作人和厂牌商是世界最顶尖的 DJ 双人组 DIGITAL MYSTIKZ 的成员之一,当他在 OIL 俱乐部登台演出时,被这里的气氛深深触动,到了深夜竟然干脆暂停了音乐,然后说:"我向你们发誓,这里是我 10 年音乐生涯中能有机会表演的最棒的地方之一。"孙慧源回忆道,"这是我特别自豪的时刻。"中国电音界的大师,如 Lotic,Shlomo,Teki Latex 和 Tzusing 都有很多东西需要感谢 OIL 俱乐部。

有些时候,深圳的蹦迪和世界别处并不一样:"2019 年的万圣节星期四,我们想要开一场持续 3 天的派对。如果是在伦敦、柏林或者纽约,那就一点问题没有,但在这里不行。这儿的人们白天还想要推动世界前进。"孙慧源说。所以他们只在 3 个晚上闹了通宵。星期天早上 9 点到下午 6 点是工作,从 7 点到 12 点睡觉,然后继续狂欢到 7 点,"那是真的狂欢"。

只有在新冠肺炎疫情期间,一切才暂停了几个星期。"这很苦涩,不过我们却借此建起了一座自己的电子音乐电台。"孙慧源说。借助 FAR Radio 电台,本地的 DJ 就有机会多尝试一些音乐上的冒险,播放更前卫的音乐。"当我们意识到这个计划成功了的时候,真是高兴极了。"孙慧源说。危机的确造就了一些新鲜事物。

凌晨 3 点过后,大卫合上了他的笔记本计算机。

这是漫长的一天。

深圳

滑板骑墙和街头涂鸦

周六早上，大卫还在睡觉，乌苏拉坐在滑板墙的边缘，轻轻晃着双腿。这是弯曲的水泥墙，高手可以踩着滑板滑上去。乌苏拉是和孩子们一起出来的，他们的周围是已经有些污损的水泥坡道，上面喷满了涂鸦。他们的背后是生了锈的工业区栅栏，远处则是高楼大厦。整个场景就像是滑板服饰的广告一样。要不是不时能看见喷涂着的汉字，还会以为这是在布鲁克林。他们是在深圳工业七路的滑板公园。当乌苏拉沐浴在牛奶一样的阳光中时，穿着黑色背心的中国教练正带着迪迪和弗雷迪在练习轮滑，小心翼翼地滑过一圈又一圈。教练倒滑，小心地握着弗雷迪的手，领着他穿过障碍物滑道。"这里有一段流畅滑行所需要的一切"，乌苏拉这样评论滑板公园。这儿有一座乐趣台，各式台、杆和马路牙子，小抛台和骑墙，甚至还有 U 型滑道。此外，这里还有一个小卖部，可以买些饮料，或者租用滑板和轮滑线。另外，也有几张台球桌和几幅相当复杂的大型涂鸦。"深圳有独立的涂鸦圈子，包括 Whyyy、Sinic 和林子楠（Nan）等艺术家。"乌苏拉说。孩子们还在那里一圈圈地滑着。当然，人们也不会在深圳的每个角落都发现涂鸦，只有在文化工厂，或者是最近终于得到管理机构默许的罗湖区洪湖公园里那座长达两米的涂鸦墙上。

一开始涂鸦还是非法的，但现在，这堵涂鸦墙已经成了一处胜地，每个对街头艺术感兴趣的人都会慕名前来。我们临时决定去一趟洪湖公园，约了大卫在那里见面。"这个地方最疯狂的是，这里是一座相当传统、相当普通的中式公园，园中的湖里满是盛开的荷花,却有一堵相当狂野的涂鸦墙。老年人肯定喜欢不起来。他们在那里下围棋,推着孙辈的婴儿车,或者倒着走以锻炼自己的平衡感。"乌苏拉说。我们打了一辆滴滴,一到目的地,我就明白了她说的究竟是什么意思。

我原本以为这里是一处专门为涂鸦爱好者们设计出来的场所,但实际上这里是公园的西墙。一座3米高的旧墙,上面是带着车轮状图案的扶手,本来是穿园而过的布吉河的防洪墙。

人们一眼就能看出:涂鸦者们是直接占领了这堵墙。现在的涂鸦已经越来越长,甚至占据了跨越河上的那座小桥。在这里可以欣赏到大约300幅作品。美式涂鸦艺术和中国汉字结合成了一种全新的独特的图像语言,具象而富有艺术气息,视觉效果也很有意思。有很多动画形象,当然也有来自日漫的。深圳少年心中的英雄们在这里获得了永生,如史蒂夫·乔布斯(Steve Jobs)、斯蒂芬·霍金(Stephan Hawking),以及粤语流行乐的象征——张国荣。张国荣用中国南方的主要方言——粤语演唱,他对东亚和东南亚的流行音乐发展产生过重大影响,然而年仅46岁就不幸离世。他从香港著名的文华东方酒店(Mandarin Oriental)的窗户坠下,无人知道缘由。

当地涂鸦圈心中的英雄还有宋岳庭。他是中国台湾最著名的Rap歌手之一,2002年就因骨癌去世,却对华语饶舌影响深远。

即便从视觉上,*Life's a struggle* 这首歌6分钟的MV也是华语流行文化历史上的里程碑。"这可能是中国最知名的嘻哈歌曲。"大卫说。他刚刚同我们会合,今天换了一顶牛仔帽戴着,"宋岳庭小时候去洛杉矶读书,从那里带回了饶舌音乐。"

为了一堵墙北端更隐蔽的早期涂鸦,我们必须躬身穿过一道栅栏上的破洞。虽然上面挂着"禁止通行"的标牌,但地上踩出的痕迹告诉我们,根本没有人遵照执行。这里有一些更早画上去的涂鸦,已经开始逐渐模糊。

我们现在前往 OCT,更准确地说应当是 OCTLCCP,因为其官方名称是"华侨城创意文化园"(Overseas Chinese Town Loft Creative Culture Park)。这是深圳全城诸多亚文化街区中最早的那一个。整个区域比 G&G 更旧、更大也更知名,因为它已经有超过 15 年的历史了。

人们在这里也能踏入一个与新式的钢筋水泥和玻璃幕墙截然不同的世界。这里又是在泛着工业铜锈绿色的大楼里隐藏着咖啡馆和各类奇怪的小店铺。这种铜绿色给时尚世界工厂的深圳打上了深深的烙印。而这片 15 万平方米的场地原先是用于生产电视机的。"原先这里的口号并不是 2020 年达到欧洲水平,而是 2000 年。20 世纪 80 年代末,这里还是一片村落。"华侨城是深圳工业化历史的缩影。这里有一种仓库的气息,就像是自打 70 年代末纽约的苏活仓库(Soho-Loft)或是温哥华的仓库区(Loft Zone)以来,世界上到处都有的气息:北京的 798 艺术区,上海的 M50 创意园。但深圳华侨城的特殊之处,就在于其中浓浓的技术风格,人们从酒吧的名字上就能看出来这里有一家车库创业风的"百优精酿"(Bionic Brew);还有一家由两个留学法国的中国人开的"新派葡萄酒馆"(Wine Lab)。不过,外墙看上去却并没有技术风,而是更像柏林克罗伊茨贝格区被无家可归者占领的住宅外墙上那些业余的装饰。上面有"花的力量"[1],还有一片树林中的鸟儿,大概一层楼高,像是孩子画的那样。在另一面外墙上则是两个笨拙地描画出来的抽象的女性形象,毕加索看了得在坟墓里气得翻个身。

在另一面外墙上,则能在高耸的棕榈树间看到经典的涂鸦。其中就有一栋4层高楼房的防火墙上的这幅涂鸦:由两个鱼钩组成的绞刑架,绳套则是由鱼钩的弯曲部分和锋利的尖头构成,而钩尖看上去就像是颠倒过来的心形。"这是我在深圳见到过的最给人心里添堵的艺术作品。"大卫说。

但生活的喜悦还是更胜一筹,如在一家挂满彩色服饰的精品店里。这是中国独立服装品牌"不合逻辑的诗"(Unlogical Poem)的门店,其背后设计师是田淼。她也是时尚和生活杂志《恋物志》(Little Things)的创刊人。她将20世纪70年代的潮流与童装、镶边、庸俗和最古怪的花纹拼接到了一起,构成了一种全新的充满力量感的表达。她称自己的设计很"诡异","quirky"这个英语单词表达的意思大概介于"古怪""独特"和"剑走偏锋"之间。人们在深圳经常能听到这个词,在汉语句子中也是如此。田淼认为自己受到艾米莉·狄金森(Emily Dickinson)这位被称为"清教徒形而上学者"的美国女诗人的深刻影响。如果想要知道今天这个全新的中国是怎么想的,人们就得看看她设计的服饰,所以她的系列很适合深圳。不过,乌苏拉觉得她的设计太

---

1. "花的力量"(Flowerpower)是20世纪60年代美国嬉皮士反越战的口号,即以鲜花象征和平,非暴力地反对战争。——译者注

深圳

"俗气"了。

凯伊一家走到了一间售卖可以上发条的老式金属玩具机器人的商店。显然，有厂家还在或者又开始生产这种机器人了。在其外包装上写着"原子机器人"（Atomic Robot Man）。孩子们特别喜欢这家店，乌苏拉和大卫也一样。"多么怀旧"。这些机器人曾经出现在"小舞蹈家"乐队《我们知道汉娜》（*Hannah We Know*）这首歌的官方 MV 当中，而这支曲子 15 年前就在"每日影像"（Dailymotion）网站上发布了。整个 MV 能很好地展示了凯伊一家在深圳的情绪，即便当时的大卫还无法预计生活会将他冲向哪里，更想不到他们一家有一天会在深圳 OCT 当中闲逛。

这儿绿植成荫，到处都是树木，空气中弥漫着亚热带的气息。大卫在一座雕塑面前停下了脚步。这是一尊裸体坐像，被罩在红色绳索编织成的网中。人们不用阐释它的含义，但我们却因此想起了一部斯皮尔伯格的电影。我们去一家中式面馆吃午餐。大卫不想扫码点餐，"太烦了，"他说，"我不想花钱用流量下载一些数据，只是为了看一家餐厅的菜单。"幸好，如果人们坚持，还能拿到一本传统的菜单，带着油渍斑斑的棕色人造革封面。

我们谈起了音乐。他的合成器浪潮乐队"Junks"由两个中国人、他自己和他夫人组成，现在已经解散。他和乌苏拉还在杭州时建立的这支乐队，没有能够撑过异地。但他依旧对合成器浪潮很感兴趣，因为这种风格很适合深圳的市容市貌："霓虹、不断地撞击、高楼。"大卫将之与适合舞蹈的夜店元素，以及他对反乌托邦流行乐的热爱结合了起来。反乌托邦，也就是一种更阴暗的 80 年代氛围，类似于《银翼杀手》。"我很长一段时间痴迷于绿洲乐队（Oasis）。"他说。他是通过父亲唱片收藏中的 Yes 乐队和杰叟罗图（Jethro Tull）发现了自己对英式摇滚的热爱。

但在他的音乐之旅中最后留下来的，是乔吉奥·莫罗德尔（Giorgio Moroder）和亚伦·史维斯查（Alan Silvestri）的 80 年代电影配乐。在大卫看来，这些音乐和深圳极搭。"尤其是 1984 年的电影《大魔域》（*Never Ending Story*）的原声。"

此外还有中国音乐的影响。从这一切当中，就诞生出某种全然一新的东西："在这里生活的人，做出的音乐当然和在英国的时候完全不同。启航的情绪在这里和孤独、对物质主义的拒斥、乡愁以及不安全感结合在了一起——这里当然也有不安全感。还有我们这些外专的忧伤。我们毕竟生活在离家万里的地方。"一个身处异乡的局外人。

我们走到了凯伊一家最喜欢的店铺：专卖旧书旧碟的旧天堂书店。店里有一家咖啡馆，里面是只有在德国大件废弃物当中才能找到的旧家具。在咖啡吧台上是一架古老的德国 Uher 牌开盘磁带机。这样的店铺只有在 20 世纪 90 年代的柏林弗里德里希海恩区才能找到。旧书、许多新新旧旧的黑胶唱片一直堆到天花板。甚至还有一整面墙外加一个储物柜，装满了老磁带。每一盘磁带售价折合 6 欧元，而且随着时间的推移越来越贵。乌苏拉一下子买了三盘，其中一盘的封面上写着"Electric Girls"（电子女孩），"但看上去像是个中国男孩。"乌苏拉笑着说。另一盘是安迪·吉布（Andy Gibb），不过这里看上去像是个西方妇女；第三盘的封面上写着"迪斯科"，有一个长得像米雷耶·马蒂厄（Mireille Mathieu）的女性形象。大卫也买了几张唱片。现在有些新乐团也开始重新出黑胶了。比如中国的摇滚乐团"Schoolgirl Byebye"（再见校园女孩），他们于2018年发行了专辑 *No Romantics in China*。

大卫和乌苏拉更喜欢老旧的磁带收藏、随身听、大音箱和手提收音机，也就是一切在数字时代之前的事物，被当作垃圾从世界各地运到深圳。因为在2017年禁止固体废物进口之前，深圳也有最大的电子废物垃圾山。先前还有拾荒人在其中搜寻旧电器并尝试修复它们。现在，旧机器是经过回收和修复，从马来西亚和越南到达深圳的。

在索尼随身听上写着"自动翻带"（Autoreverse），这是20世纪80年代日本研发的全新技术：不用翻带就能听B面的45分钟录音。乌苏拉给她的孩子们买了一台银黑色的老款罗兰仕牌磁带录音机，带着经典的橙色录音键。"因为他们想要录下自己的声音，"她一边说，一边用她的手机微信扫码付款，"比起iPhone，他们觉得这些模拟信号的按键要有趣多了。"

第四章

全球掀起 5G 风波

没有这种外部的压力，就没有那么高涨的动力继续前进。

——任正非，华为公司创始人、CEO

这是全球最强大、也是最具争议的公司之一。在其总部有一些收藏：有纪念品，有临时起意买下、之后却不能再与之分离的东西，还有稀奇古怪的玩意儿和礼物。所有的物件都被充满爱意地装饰，像是许多人在自家客厅中布置的一样，但这可是一座像酒店大堂那样宏伟的大厅。而这一切都出自华为的缔造者、CEO任正非之手。一盏盏巴洛克式的落地灯，一个身着红衣、头缠白巾的黑人侍者雕像，举着一盏固定在镶着华丽金色饰纹的基座上的小灯。一尊一人高、穿着短裙、正跳着舞的河马。6座女性塑像，足有6—8米高，环绕成U形伫立着。其中两位右腿微曲，另外几位稍稍弯着左腿。她们像蜡烛一样挺直地站着，面无表情地望向远方，就仿佛是集合列队时的女兵一样。所有人都头顶着重物，也不用手去扶。她们叫什么来着？当任正非正在和一位下

深圳

属谈话的时候,我在桌下悄悄用手机搜索了一下:这就是女像柱(Karyatide),描绘的是古典时代身形优雅的女奴,因来自古希腊的卡里埃岛而得名。这样的雕塑是用来支撑神庙的穹顶,也就是女性形象的柱子。伫立在此的这一组形象是雅典卫城中厄瑞克忒翁神庙女像柱的缩小复制品,也是希腊最著名的明信片题材之一。这种"繁复风格"的柱状雕塑在过去几个世纪中被多次复制,在波茨坦、布拉格和巴黎都能见到它的踪影。现在,21世纪20年代这个黄金时代的中国,它们也到了深圳,来到了这座全世界最年轻、发展最迅猛的超级都市。

在我的想象中,华为总部不应该是这样的:矫饰主义取代了极简主义,方格天花板、枝形水晶吊灯和巴洛克扶手椅取代了铬金、钢铁和玻璃。一切都是如此华丽,以至于踏足此处的艺术史家将会感到头晕目眩。我看到了一幅描绘拿破仑最后一战的大型画作——《滑铁卢战役》,原作藏于比利时。对面则是《拿破仑加冕》。一个几乎一人高的犀牛小丑穿着蓝黄色的戏服,在钢琴前起舞。它和河马恰好是一对。墙的前面则是一尊"青年风格"(Jugendstil)的半身像:一位戴着红色大圆帽的女性。

在这富丽堂皇当中,是坐在藤制扶手椅上的任正非。他面前的白色桌布上,摆着一个简约的白色瓷杯,沏满了茶。瓷杯当然是迈森制品[1]。一对交叉的蓝色宝剑是杯身上唯一的装饰。相比整座厅堂,倒是这只杯子和他更加搭配。任正非坐在这儿,看上去并不需要周围这些艺术品。但他乐在其中:当人们问起他时,他

---

[1] 迈森(Meißen)是德国萨克森州的一座城市,以出产精制瓷器闻名。——译者注

就说:"我把我喜欢的东西都拢在一块儿了。"

如果这个大厅想要传递什么信息的话,那就是这一条:我就做我喜欢的事,不去在意别人的想法。任正非就是这样做生意的,也是这样笑的。总是这样的笑容——开怀大笑,就像是个孩子一样,没有铺垫,也毫无顾忌。烦恼不可能大到让他笑不出声来。如果人们搜索一下他的照片,出现的前几张都是他的笑脸。至于他的外表:他的衣着搭配并不像老一辈德国家族公司大家长常穿的制服——一身镶着金色纽扣的深蓝色西装,胸袋里塞着点缀着花纹的白色方巾,衬衫搭配着厚重的衬领,领子还用别针别挺直,让领结稍稍拱起,每一个细节都追求完美和经典。这副行头或许和这座大厅很搭,但不是任正非的风格。

然而,他也不是那种追求罕见奢侈品混搭的新兴中国暴发户:喜爱路易威登、古驰、爱马仕、普拉达、香奈儿,或许还有在香港扫货时花1.5万欧元买下的华洛芙男士手环——"真正的价值"[1]。同时,人们也无法想象他和硅谷那些科技亿万富豪一样穿着低调。T恤衫、牛仔裤、运动鞋?任正非就坐在那里,穿着一件普通的深蓝色夹克衫,一件粉色的亚麻衬衫,显然觉得相当舒适。因为网上的图片证实:他经常这样穿。此外,他还穿着一条浅色的裤子,白袜和一双棕色的皮鞋。他的胡子没有刮干净,大概是今早出门时比较匆忙。在照片上人们也能发现,他有时也会穿一件大胆的红色或香草色的夹克。他毫不在意自己会给人留下

---

1. 华洛芙品牌的标志是一枚全钻嵌入字母"W"之中。"W"不仅是华洛芙(Wellendorff)的首字母,还是德语"真正的价值"(Wahre Werte)的浓缩。——译者注

什么印象。任正非就是即兴发挥的"深圳"。

他倒是也足够强大,可以随心所欲。任正非如此热情又不带明确目的地设计了这座大厅的内饰,就好像是在玩乐高积木的孩子一样,仿佛这个世界上只有他一个人。

"哦,这些柱像啊。她们很美,不是吗?""这些动物?相当滑稽可爱。"两幅拿破仑画像,加冕和滑铁卢,崛起和覆灭。这是他在比利时看到的,觉得很喜欢,于是就托一位员工的家里人在2017年临摹了这两幅画。"滑铁卢战役你们不是打赢了吗,你们德国人。"他说。任正非会怎么看普鲁士、纪律性和德意志美德?但他的思绪早已远行。他是那种脑海中同时会盘算许多件事情的人,但他还是能够保持专注力,否则就不可能在短短30年间一手创建了一家在全球范围内取得成功的公司:接近20万名员工,活跃在超过170个国家和地区,年营业额1 360亿美元,百亿美元的利润,两位数的增长率。再加上第一个全球知名的中国消费品商标——尽管西方人总是发不好"华为"的音。很多德国人念作"呼啊外"。任正非觉得,客户们可以用自己喜欢的方式去念这个名字,只要他们觉得产品能让他们信服并且愿意购买就行了。在今天,华为的产品已经可以和iPhone这样的科技图腾掰一掰手腕了。但他并不愿意完全战胜苹果手机。"我就是想造出一台所有人都想拥有的最优秀的智能手机。"任正非说。的确,华为在第三方的独立测评中总是排在iPhone前头。华为在2020年的市场占比是14%,苹果是15%。而任正非的市场份额,还是在他的手机因为特朗普的制裁无法在美国和欧洲销售的情况下实现的。

第四章 全球掀起5G风波

但是,苹果的每一部手机赚到的利润要多得多。不过对于初入市场的品牌而言,这是司空见惯的事,他们就是要以更好的质量和低廉的价格打入市场。时机一到,价格自然就会提上来。

在第五代移动通信网络(5G)领域,任正非已经借助中国自主的科技占据了世界领先地位。没有人比华为更具创新力,没有人的报价更低,没有人的技术速度更快。即便是竞争对手也不得不承认。许多人甚至认为,华为在亚洲、非洲和南美洲那些遥远的欠发达国家搭建自己的移动通信技术时,就已经超前地构想到"一带一路"倡议。但这不是有目的的,更不是什么战略。不如说,这是任正非在危难之际的放手一搏。他被迫走向国际,因为华为研发的3G技术在中国并未被选定为技术标准。唯一的解决方案是将自研产品拿到国外销售。这条路成功了。

5G技术是在电动车电池和自动驾驶创新(见第二章)之外,第一项主要在中国研发,并从中国走向世界的划时代通信技术。不过,这只是开始。对于华为、对于中国均是如此。然而,这不是我到访华为的唯一理由,毕竟,还没有一家公司像华为一样成为西方与中国博弈的争端焦点。

任正非这样的人的出现标志着苦难的时代已经过去,今天的中国再度像它漫长历史中的大多数时间一样,重新具有了创新力。对于一个历史悠久且幅员辽阔的国家而言,这实际上是再正常不过的事了。而且,任正非或许不仅代表着中国的崛起,也象征着西方的衰落,象征着500年来西方统治包括殖民统治的终结。他的强势和成功与西方的衰落,就像是阴与阳一样密不可分。

也正因为如此,任正非成了投影的对象。对许多西方人,尤其对美国人和欧洲人而言,任正非就是那个威胁到西方地位的人,是想要进攻西方的中国和中国共产党的前哨站。而对于许多中国人、也对于许多亚洲和非洲的新兴国家而言,他是新的自信的象征。任正非就是"中国梦"的化身。在中国实现的事情,也可以在马来西亚、哈萨克斯坦或肯尼亚实现。

现在的任正非不仅创造着电信科技,而且是当今时代绝无仅有的、能在全球激起种种不同情绪的非政治人物,无论激起的情绪是敬畏还是憎恨,是自豪还是鄙夷,是愤怒还是自信。简而言之,任正非的一个手势就能体现世界的变迁。

但任正非并没有刻意追求这个角色。恰恰相反。十几年来,即便是在中国也没有多少人认得他。他在媒体上几乎不可见,他可以一个人搭飞机飞遍中国,只会被极少数人认出来。偶尔才会在社交媒体上出现几张他的照片,还都是那些惊讶不已的华为用户拍下的:任正非一边拿着手机打电话,一边排队等着出租车。还有一些照片拍到了他坐地铁的时候。不过,他倒是也喜欢乘坐暗色车窗的德国S级轿车。在中国那些科技巨头中,任正非被视为最神秘的那一个——就好像是他要隐藏些什么似的。任正非把聚光灯都让给了一手缔造了阿里巴巴的马云。今天的阿里巴巴已经是仅次于亚马逊的全球第二大线上交易平台。不仅在中国,马云也被西方人视为企业家的典范。但任正非直到快70岁时才接受了人生中的第一次采访。

第四章　全球掀起5G风波

改变他生命的那一天

2018年12月1日，任正非已75岁，他的生活被一下子彻底改变了。就在这一天，加拿大边境警察在美国总统特朗普的压力下于温哥华机场逮捕了他的女儿孟晚舟。孟晚舟自2011年起担任华为的首席财务官。她的被捕让许多中国人想起了四大名著之一的《西游记》：黄袍怪强行掳走了宝象国三公主百花羞。

在2018年的这出现代大戏中，美国执法部门指责孟晚舟出于欺骗的目的对汇丰银行隐瞒了华为与一家第三方公司香港星通（Skycom）的关系，且没有清晰而明确地陈述和伊朗的商业往来。银行表示，孟晚舟只告知了初级员工，而没有通知银行的领导层。华为则反驳说，所有材料都提交给了汇丰银行的全球账户经理，银行的集团风险委员会则授权后者研究该事项。这件事的问题在于：美国人禁止与伊朗的商业往来。然而，这是特朗普给全世界强加的禁令。对伊制裁作为这项禁令的基础，遭到了包括欧洲、俄罗斯和中国，也包括特朗普的前任奥巴马的一致反对，正是奥巴马在2016年解除了对伊朗的制裁，而伊朗则保证不再进行铀浓缩活动。今天的联邦总统、时任德国外交部长的施泰因迈尔（任期至2017年）和他的中国同事王毅，则是说服奥巴马采取这一举措的关键人物。

然而，2018年的特朗普对这一切充耳不闻。尽管伊朗完全遵守了同奥巴马政府达成的协议，尽管国际原子能机构能够证明伊朗忠实地履行了协议，尽管伊朗有意愿做出更多的让步。特朗普还是声称伊朗在说谎，全球所有公司只要再和伊朗有生意往来，就会遭到惩罚。最让特朗普恼怒的是：俄罗斯、中国和欧洲联合起来反对他。在他看来，没有人能够结成反美联盟而不受惩罚。

和先前那个更愿意、也更擅长在不为人知处活动的企业家形象相比，任正非最终显露出了父亲的那一面。他做了特朗普希望看到的事：走到台前，让剧场的灯光打在自己身上。他接受长时间的采访来驳斥特朗普推特上的长篇谎言。几个月之内，全世界都知道了任正非的名字，他不再是那个伟大却默默无闻的人。

"我的第一反应是震惊，"任正非在和我的对话中回忆说，"我无法想象我的女儿卷入了任何一种犯罪活动当中。"有那么一小会儿，他的笑容消失了，他强迫自己回到事情本身。就在被捕的当天，孟晚舟通过自己的丈夫给任正非传递了一条信息："爸，你才是他们的目标，要小心啊。"3天之后，任正非按计划飞往了布宜诺斯艾利斯。"这对我们的公司很重要，"他说，"我太太担心极了，不断问我一切是不是都还正常，直到我平平安安、健健康康地回到了家才算完。"

特朗普并没有止步于控告孟晚舟，而是立刻把目光转向了华为公司。他在一份总统令中写道："华为的行为与美国的国家安全或对外利益相抵触。"因此，应当禁止一切与这家科技公司的商业往来。

"我不能理解特朗普的决定。我们在美国几乎没有搭建任何通信网络，也没有卖出几部手机，几乎在全美国都没有什么存在感。我们怎么可能威胁到美国的国家安全？"任正非问道。他心里当然清楚，这一切和伊朗没有任何关系。"会不会您的女儿真的触犯了美国法律？"我试探地问他。无论她身处哪里，她当然都会尊重每一个国家的法治体系,任正非这样回答。"但是美国做出的决定并非法治,"他说,"我们坚信自己是无罪的。如果是一座法院在判决生效后对我们进行处罚,我们是能够理解的,因为我们尊重法律程序,但美国人只遵循自己的游戏规则。我不知道应当如何去理解。"

美方的指责到底有多少实质内容,将会在庭审中水落石出,但司法过程将会很漫长。在此期间,任正非的女儿都被监视居住。她在加拿大拥有几套自己的房产,这两年一直被软禁在其中一栋住宅当中。2020年5月,加拿大地方法院判决美国指控的事实在加拿大也构成犯罪——这是将孟晚舟引渡到美国的重要前提条件。如果被引渡,在那里等待着她的将是长久的刑期。

然而,正如任正非所批评的,针对他公司的禁令早就开始实施,没有法庭判决,也没有犯罪证据。因此,他根本不抱任何幻想。"美国把华为当作中美权力博弈中的棋子。他们的计划是牢牢控制住我的女儿,摧毁我的意志力,然后一举毁灭科技领域的竞争者华为。"

但我反驳说,在西方看来,华为就是中国。而中国正在颠覆西方的价值,西方则希望通过强力加以制止。任正非回答:"但让我的女儿去背负这种责任,我认为是完全不合情理的。"

国家的棋子

"我小时候玩泥巴,玩石子,还拿弹弓打鸟。"任正非回忆说。谈到儿时的回忆,饥饿和贫穷是他最先想到的两个关键词。

特别是在1959年至1962年的三年自然灾害时期,情况尤为恶劣,任正非兄妹7人平均每天都吃不上一个发面馒头。这是中国的基本口粮。当饥荒开始时,任正非只有14岁。"我根本没有想过要有一份好工作,有一番好事业,或者多学一点儿东西,"他说,"而是只梦想着能吃上一个馒头。"他说当时有许多孩子都是如此。

"这种突如其来的狂热让我感觉无所适从",任正非这样回忆"文化大革命"的开端。随后,他很想加入运动,但因为父母的成分却不能如愿。不能成为红卫兵,对于当时的他而言不啻被隔绝在外。不过,他的父母到底还是争取到了让他读大学的机会,于是他在重庆建筑工程学院跟着念了几个学期的书,最终还顺利拿到了文凭。1974年,他幸运地在解放军部队中找到了一份工作。和人们反复读到的说法不一样,任正非当时不是一名情报技术领域的士官,而是到了解放军在辽宁的一座不甚重要的化纤厂当工程师。辽宁紧挨着朝鲜,在当时是"中国的西伯利亚"。"不过我当时还是觉得很舒适。"他承认。

人们需要他。他被分配了任务,并且头一次获得了成功。他被提拔为副所长,发明了一种测量仪器,这在当时的中国是独一无二的。这项发明是如此重要,以至于他在1978年甚至被邀请出席在北京举办的全国科学大会。"我自豪极了。"任正非回忆说。他认为自己是个"有前途的年轻人""肯定会排在将来省部级领导候选人的名单里"。

当党委的同志们在会前讨论代表团的人员组成时,任正非反而散步去了。一位年长的同志质问他说:"小同志,你怎么不来参会?"任正非简单地回答:"我不是党员。"党委惊愕不已。因为在那个年代,不是党员,"连个炊事班都不能指挥",任正非说。

全国科学大会之后,任正非立刻递交了入党申请书,他最终还是如愿以偿地入了中国共产党。

此后,他获得了教育和晋升的机会。"四人帮"已被粉碎,国家已经开启了新的航程。就在这一年的12月,改革开放政策颁布,中国向世界打开了大门。有那么多事情成为可能,而任正非在自己的生命里还从来没有经历过这样的时刻。然而,仅仅4年之后,一切仿佛都烟消云散。他被迫从基建工程部队退伍,不光失去了工作,还丧失了生活的希望。"如同一道晴天霹雳。"他说。谁也帮不上忙。

"我根本不知道在退伍之后应当做些什么。"任正非说。他到处找工作,却什么也找不到。竞争压力非常大,劳动力市场上充斥着大量的复员军人。于是他决定从大东北前往最南的南方,去往那个所有人都能碰一碰运气的城市——深圳。许多中国人在20世纪80年代移居深圳,其命运与19世纪出于生活困苦而移民美国的诸多意大利人和爱尔兰人,或者20世纪60年代迁往德国的"客籍劳工"的命运颇为相似。

在全新的市场经济环境中,任正非无依无靠,也无法理解。"当时的我作为一名刚刚离开国有工厂的退役士兵,觉得赚别人的钱是一件相当奇怪的事。"他回忆说,"花10块钱进货再标价12块钱卖出去,我觉得就是在骗人。"但这不是唯一的新东西:他在部队时的工作还是和模拟信号操控系统打交道,而深圳人早已进入了计算机时代。他在这里第一次看到数字化究竟意味着什么。"我怎么样才能不落在这些年轻人和他们的新技术后面?"当时的他自问。

另一个问题:任正非太过于信任他人。"这是我在原先的岗位上的习惯。"在军中服从命令就需要信任。他以为别处也是如此。但任正非很快发现,和新机会一起如雨后春笋般冒出的,还有欺诈和腐败。20世纪80年代末的深圳就像是中国的狂野西部,弥漫着一股淘金热。任正非慢慢地才理解供需关系的运作,理解司法保障在其中扮演的关键角色。他得先去搞来几本关于西方企业经济与法律理念的书籍。之后,他在两家公司找了两份工作,但也都只是干得不好不坏。

他的朋友们都建议他自己开家公司。在处于"创业者时代"的深圳,这是许多人的选择,而且从根本上说,创业也是这座城市设立的目的。然而当时要想开办一家公司,必须有20 000元的注册资本,可他兜里只有部队给的3 000元退伍费。他在犹豫是否要去贷款。

难道成为一位企业家对他而言不是一种解脱吗?任正非摇了摇头:"只要当时市政府给我提供一份普普通通的管理工作,我肯定就不会创业了。"他解释说,"如果真是这样,我今天早就退休去钓鱼了。或许也不用吃那么多安眠药,肯定也不会得糖尿病和高血压。"

可事实上还有许多个不眠之夜等着他。任正非和几个朋友合伙凑够了这笔钱,终于在1987年创立了公司。"更多的是不得已而为之,而不是出于信念。"他回首往事时这样说。公司的商业理念不算新颖。和当时的很多人一样,他们也经销电子元件。他们给公司起名"华为":"华"代表中华,而"为"则有"能力"和"成就"的意思。任正非曾经看见过一块牌子,上面写着"中华有为"。他立刻意识到,这4个字的缩写肯定是个很好的公司名。

因为资金不多,不够请人帮忙运输,任正非只好自己上手。他每天先要"像码头工人一样",把编织袋和纸箱从一处拖到另一处,提着上公交车,前提是公交司机今天心情不错,然后在下一个街区再把它们搬下车,拖到每一家客户那里。即便当他手下有20名员工后,任正非也还是自己扛箱子,否则生意不挣钱。"我当时老是发火。"他说。生自己的气,生国家的气,生改革开放政策的气。政策落地的情况并不好。"几千米之外的边界线那边就是香港这座现代城市,高楼大厦、乡村俱乐部,而且劳斯莱斯的密度也是亚洲第一。我觉得自己是改革里的失意者。"

艰难的崛起

然而不久就来了一位香港企业家——梁琨吾。他在深圳的一家仓库里囤积了价值一亿元人民币(约合1 280万欧元)的电子元件需要出手。"对他而言,信赖比利益最大化要更重要。"任正非说,"他给我们出了一个合理的底价,另外还允许我们在把商品卖完之后不必立即把钱汇给他。"

幸亏有梁琨吾,任正非终于可以投资了。于是他专门做起了进口香港的电话再转卖的生意。1990年,他就有了500名员工,然而紧接着就是下一次打击。他失去了香港供货商的特许授权,而赢得授权的是一家中国国企。任正非再一次站在满盘皆输的悬崖边。

重压之下,他被迫把绝大多数资金都投入研发。忐忑不安的 3 年过去了,他终于带着第一件自己的产品回到市场:C&C08 数字交换机。"这是当时中国性能最强大的交换机。"他说。那他当时自豪吗?"是有一点儿,但主要还是忙不过来。"

一个电子元件经销商就这样转型成了技术制造商。他产品的优势:本土设计、本土制造,因此比进口交换机要便宜很多。任正非针对的就是那些用不起西方产品的客户,他们多数身处小城市和乡村,也就是中国内陆。他的策略成功了。华为的市场占有率实现了年均两位数的增长。最终,他和这个领域的其他所有竞争者一起,获得了政府的间接支持。政府从 1996 年开始限制外国电信公司进入中国市场,以此扶持本土企业。

任正非心怀感激地踏入了企业家的世界。1995 年,公司的销售额达到了接近 1 800 万美元,这让他不敢相信。1997 年华为同亚洲最富有的企业家之一、香港巨贾李嘉诚旗下的和记黄埔(Hutchinson Whampoa)签下了第一份大合同。李嘉诚在 20 世纪 50 年代前往香港,白手起家。他能理解任正非的感受,也能和他一起赚钱。接着就是和全世界的电信公司签下的一系列合约。于是任正非又设立了多个研发中心。他明白,不只是中国,全世界都需要他的产品。但为此,他还需要廉价和创新的正确组合。

当深圳日益成为世界工厂的一部分时,任正非在正确的时间出现在了正确的地点。这个来自农村的教师之子、解放军化纤厂的前工程师,终于按响了全球化的门铃。1999 年,他已经有将近一万名员工。2000年,华为首次登陆欧洲,在斯德哥尔摩设立了研发中心。两年后,任正非的公司仅在国际市场上的销售额就达到了5.52亿美元。但竞争还是相当激烈,尤其是在中国。每个人的起跑线都不一样。有些企业受到国家的扶持多一些,有些企业则少一些。而任正非要同时和三家企业竞争。这方面的记载也很详细。在任正非之前,邬江兴建立了他的巨龙通信。他比任正非年轻10岁,在很长一段时间内都被视为通信工程领域的英雄,最后被提拔为少将,担任解放军信息工程大学校长至退休。也就是说,他不算是一位独立的企业家,而是有着企业家潜质的高级军官。他从来不需要承担商业风险,因为有军队替他背书。

另一位竞争者是周寰。他和任正非同岁,1998年就把他领导的国企大唐电信带到上海上市。但周寰曾是邮电部的司长,在职业生涯的后期还被任命为电信科学技术研究院院长,当时是信息产业部的直属单位。

第三家竞争对手企业是侯为贵于1985年同样在深圳创立的深圳中兴半导体有限公司,今天在国际上更加知名的是其公司的缩写ZTE。侯为贵曾经是航天部下属企业的技术主管,和航天部合资共同创立了中兴公司,相当于是一种企业分拆。这对侯为贵相当有利,因为他虽然自认为是企业家,但还是可以依靠航天部这位合伙人的网络。和任正非不同,他有安全保障。今天的中兴集团依旧活跃在市场上,但体量比华为小得多,也不如华为国际化。不过,为中兴设计深圳新总部的,还是一位来自德国的设计师奥雷·舍人(参见第一章)。

中兴和华为这两家来自深圳的企业直到今天依旧保持成功,

或许并非偶然。这是由于没有任何一个城市能像深圳这样，国家任由企业自主发展。或许同样不是偶然的还有：在上述4家公司中，恰恰是相对最不依赖于政府的华为，最终成了最成功的企业。

对于那些不遗余力地试图捍卫西方在世界秩序中的地位的批评者而言，这是华为给他们留下的最大一块进攻阵地。的确，要去证伪这样的指责确实很困难。也许正因为如此才会有那个经久不散的流言，说任正非其实是颇有影响力的军中高官。其言之凿凿，连中国国防部原部长魏凤和都在2019年6月新加坡的香格里拉对话会上专门对此辟谣。

当然，辟谣也没有太大用。因为每一条污名都不是建立在事实之上，其养分实际上来源于市场龙头老大内心深处的渴望，要压制后来居上的新星以稳固自己的地位。这是一种应激防卫机制。正是在这种环境下，新的指责出现得越来越快，以至于都来不及通过摆事实一一辩驳，如美国媒体彭博社的指责。彭博社发现了几份研究报告，是由华为员工和中央军委某部以及国防科技大学共同完成的。"这是华为员工的个人科研项目，我对此并不知情。"当我问及此事时，任正非如此回应。"华为同军队或者相关机构没有任何科研或研发领域的合作，"他斩钉截铁地说，"我们只是向它们出售一小部门民用设备。具体数量多少，我也不太清楚，因为我们并不将之视为我们的核心客户。"

国际媒体，尤其是《华盛顿邮报》(*Washington Post*)、《纽约时报》(*New York Times*)等美国大报还对华为的所有权问题做了许多调查。它们的结论是，华为是一家100%私人所有的企业，绝大多数股份掌握在员工手中,领导层甚至实施轮岗制。不过,有一件事倒是可以确定:这家有着104 000个小股东的深圳公司很难一眼看清。所有试图找出公司究竟归谁所有的尝试,最终都止步于一片密林,或者更准确地是止步于一本什么都记的、厚重的流水账。无论如何,从纸面上看,公司属于华为联合投资控股有限公司的华为投资控股有限公司工会委员会,也就是某种工会。要不然这样一种不同寻常的股权模式也没有办法真正落地。但实控人究竟是谁?好问题。至少,人们找不到任何暗示国家参与其中的线索,但也不能完全排除这种可能,尤其是在考虑到华为与诸如国有银行之间的非官方关系等因素的情况下。但是现有证据远不足以证明华为是一家国企,而且也不可能证明。

剩下的指责就是声称中国法律要求华为将数据提交给国家。但华为要提交的是什么数据?在华为智能手机和网络之间传输的所有数据,已经属于三大国有电信巨头。为什么还要费老大劲儿要求一家私企提供国家本来就有的数据呢?而全球那些通过华为基站传输的数据呢?目前,认为华为会收集这些数据并将之交给中国政府,暂时还只是一种担忧。德国所有的网络运营商都采取所谓"多供应商战略",即由来自不同供应商的不同组件搭建通信网络。单是这一战略就使得没有一家公司能够完全掌控整个网络。然而,单是这一战略也无法排除某家企业能够接触到数据。

事实上,华为是在通信领域唯一一家在全球范围内取得如此成就的中国企业。它是因为与国家合作才会如此成功的吗?还是应该说,尽管同国家有合作,但华为依旧获得了成功。抑或是,华为之所以能够成功,是因为国家把它拴在一个长绳上,让它自已发展。认为哪一种说法更有可能，什么样的批评又是对一个不讨人喜欢的竞争者泼的脏水，是对它的打压？其中的界限相当模糊。这是两相僵持的局面，最终依旧是一个信任的问题。

美国的攻击

在奥巴马就任美国总统后不久，美国国安局（NSA）的一支特殊分队就成功地在近百个点位实现突破，潜入了华为在深圳的计算机网络。这支黑客国家队窃取的信息包括一份含有1 400多位客户的名单，以及关于华为产品工程师培训的内部文件。黑客还攻入了华为的企业E-Mail归档，可以读取公司上下的邮件往来。这是因为整家公司的电邮都要通过深圳总部的服务器。任正非和华为董事长孙亚芳的邮件也不例外。NSA甚至破译了部分华为产品的源代码。但是黑客们的真正目标只有一个：需要能够证明中国政府和华为有密切合作，甚至是华为向国家提供数据的证据。只不过，他们什么也没有找到，也无法证明华为在软件上留了后门以便获取数据。

然而任正非还是惊愕万分："我们当时的内网从来没有针对西方竞争者，更别提是政府了，不管是西方政府，还是中国政府。"他说。当时的华为没有足够的经费加强这方面的防御。"这次攻击打了我们个措手不及。我一开始甚至还以为，这场攻击不是因为我们的强大，而是出于好奇。"

这是不是稍显单纯？任正非笑了笑，说道："不是，我只是从来没有什么不好的经历。我们严格遵守所在国的法律法规。全

第四章　全球掀起5G风波

世界都少有几家企业拥有像我们这样出色的内外合规部门。我们还从来没有被卷入任何一桩腐败案件。我们没有防范，是因为我们问心无愧。"但是，想让外国人相信华为是一家能够独立于中国政府自主运作的公司，难道不也有些单纯吗？"我们根本没有考虑过这个问题，"任正非说，"毕竟说到底，我们是一家私企。"

不过在这段快进之后，让我们重新回到公司的历史。在最初的成功后，任正非原本的策略看起来无法继续在中国市场上实现了。他的产品达不到客户期待的质量标准。越来越多的人能够负担得起市面上最好的产品，而最好的产品来自西方。于是任正非决定开启一场不同寻常的行动：花费10亿元人民币从所有不满意的用户手中回购次品。在最后一刻，他保住了客户的信任。同时，任正非开始着手研制在国际上同样具备竞争力的产品。一项海格力斯的任务[1]，尤其是当时的任正非在研发才刚过半时就大胆地尝试打入美国市场。2000年6月，华为的产品首次登陆亚特兰大电信展，其价格要比美国市场的领头羊思科（Cisco）低30%—50%。这听上去像是在正面挑战思科在美国的市场地位，但正如之前所言，任正非却根本不这么觉得。"我们觉得自己像是穿着背带裤就踏进皇宫的农民。"他说，"我们一开始卖得也不如期待中的那样多，因为人们还不信任我们的质量。但好歹还是卖出去了。"

2001年，互联网泡沫破裂，华为遭受巨大打击。"我们差一

---

1. 在古希腊传说中，大力士海格力斯（Herkules）——又名赫拉克勒斯（Herakles）——曾完成12件看似不可能的功绩，后世以"海格力斯的任务"描述类似英雄壮举。——译者注

点儿就破产了。"任正非回忆说。困境中的任正非开始把精力集中到技术并不复杂的简单产品,但又要让这些产品在国际上同样有竞争力。至于利润,当然少得可怜。回首往昔,任正非将之称为"鸡肋战略"。当其他人都在卖鸡胸肉和鸡腿的时候,华为把视线聚焦到肉少骨头多的鸡肋上,并且大量卖出。在客户个个捂紧钱袋的危急时刻,这一策略奏效了。

一年之后,新的打击又来了。一批掌握技术知识的高管纷纷从华为辞职自立门户。打官司没有意义。董事会当时说服任正非投子认负,把公司卖给美国人。任正非虽然有一票否决权,但他强调,自己"从来没有用过"。于是,他开始和摩托罗拉谈判,后者愿意出价100亿美元。最后,双方的合同已经谈到只差签字的份上了,可摩托罗拉的CEO克里斯·加尔文(Chris Garvin)却在2003年9月突然辞职,由来自太阳微系统公司(Sun Microsystem)的艾德·桑德(Ed Sander)接棒。他虽然也同意协议,但监事会却拒绝接受。任正非当时觉得"自己被迫留在了华为"。

2003年1月,华为就已经被思科告上了法庭。思科指责华为抄袭了自己的以太网交换机和路由器。一家美国法院判决思科胜诉,但只限于软件领域。2004年,双方达成庭外和解。华为不能再销售有争议的产品,思科欢庆"捍卫知识产权斗争"中的胜利。但反过来,据传思科也必须保证不再因为类似理由起诉华为。不过直到今天,双方的和解文件也没有披露,可见这应当是双方共同休战妥协的结果。诉讼费用由两家公司各自负担。为了继续和华为保持商业往来,思科也不得不做出让步。

思科管理层没有预见、任正非自己也没有想到的是:华为在

第四章 全球掀起5G风波

市场上的风头越来越强劲。华为的产品卖得出乎意料的好,让思科无法长时间顶住这种竞争压力。2005年,华为的海外销售额首次超过了国内销售额。2008年,华为和全球最大的软件开发商之一、美国西门铁克公司(Symantec)共同在四川成都成立了一家合资公司,华为占股51%,保持多数。

这家公司越来越独立,开始在深圳研发自己的麒麟系列半导体芯片,直接与思科竞争。同时,华为还大胆地推出鲲鹏处理器,挑战英特尔集团的市场地位,而这家公司可是全世界最大的半导体制造商。对于美国政客而言,华为的一系列举动不再是竞争的表现,更像是国家指挥的对美全球权力地位的进攻。

2010年,摩托罗拉起诉华为,声称和摩托罗拉合作的中方员工窃取商业机密并出售给华为。证据不足以支持法院判决,甚至都没有开庭,两边又一次达成了庭外和解。然而,类似的非难越来越多,不断有针对华为的指控出现。但和此次事件一样:指控时嗓门很大,辟谣时声音很小,而且总是有些没有完全澄清的地方。

种种指责和令人起疑的迹象自然无法提升华为的公信力。任正非心里也清楚:成功肯定会遭人妒忌。"然而我从来没有想到,之后的情况将会如此糟糕。"

不过华为还是迎来了又一个成功:2011年,华为斥资5 300万美元买下了西门铁克在合资公司中的全部股权。随后几年中,市场头部的美国企业的日子越来越不好过。2015年是决定思科命运的一年:它的路由器在中国的市场份额一年内直接腰斩,而华为则暴涨五成。可以预见,华为不仅超越爱立信,还将超过思

149

科，成为全世界最大的电信设备商。美国的高科技行业震惊了。

当深圳于 2016 年公开预算数据时，人们可以从白纸黑字的文件中发现，华为是对 GDP 贡献最大的企业，7% 的贡献率（约合 200 亿美元）不仅遥遥领先第二名，更几乎是之后 20 家公司之和。而这 20 家公司实际上包括了中兴、腾讯、富士康和比亚迪。尽管比亚迪还是全球最大的电动汽车制造商；而原本来自中国台湾的富士康则制造了全世界的大部分手机，无论是苹果、三星还是华为；腾讯的体量本来也不小：它开发的微信是唯一一款可以替代 Facebook 和 WhatsApp，还自带支付系统的软件，日活跃用户突破了 10 亿，虽然其中的绝大多数都在中国。

华为把这些大名鼎鼎的公司都笼罩在了自己的阴影下，以至于深圳政府从此再未公开过任何数据。太伤别人脸面了。而任正非说，华为自己也不希望有这样的数据发布，要不然人们或许会以为深圳属于华为。但仅仅在深圳一地，华为就有接近 8 万名员工，它早就成为这座城市中的最大雇主。

不惜动用各种手段打压

华为越成功，面临的阻力就越大。在唐纳德·特朗普这个看似局外人的候选人赢得了美国总统大选之后，这股逆风最终演变成了一场风暴。

2017 年 1 月，特朗普刚刚宣誓就职后不久，就采取各种手段阻挠乃至遏制华为的崛起。他很有可能凭直觉意识到，华为就是他需要的敌人的形象。接下去发生的一切，是任正非即便是在最糟糕的噩梦里也无法想象的。特朗普成功说服了美国通信巨头AT&T不再销售其移动网络旗下的华为合约机，而这恰恰是华为最大的业务点。即便人们还能在美国亚马逊上买到不能使用谷歌服务的华为手机，但这对销量也起不到任何作用。任正非觉得，华为就要走不下去了。

所以说，人们不能指责特朗普彻底禁止华为手机销售。他只是以挥散不去，且随着时间的推移越来越严肃的指控为依据，做了大量的"说服工作"。这些指控是：华为正在监听美国人，并将数据转交给了中国政府。特朗普没有提供任何证据。甚至连中情局（CIA）也没有声称曾经出现过任何一起类似案件。整个过程中最疯狂的事莫过于：在移动数据网络中唯一已知的有国家插手的安全事件，恰恰是美国人干出来的，而且不仅针对中国，还针对欧洲。在欧洲发生过"德国商业互联网交换中心骨干网"（Backbone DE-CIX）事件。美国国家安全局（NSA）自2003年起就从德国联邦情报局（BND）获得互联网运营商接入德国互联网后的部分数据流，并且美国人从2003年起便开始监听默克尔的智能手机。而当他们被德国人逮个正着时，美国人甚至一身轻松地连解释都懒得解释，只是由奥巴马的国家安全顾问苏珊·赖斯（Susan Rice）在和默克尔总理的对话中保证，美国今后不会再这样做了，不过她也不能排除之前出现过此类事件的可能性。奥巴马让人带话给默克尔总理说，倘若他知道这样的监听竟然真有可能，他肯定会立马叫停，即便是总统也不可能知晓一切……可难道他连美国在窃听欧洲最重要的女性政治家都不了解吗？无所谓了。这件事就这样被塞进了故纸堆中。

与此同时，没过不久又出现了新一波针对华为的指责。2019年初，华为被指控从美国的 T-Mobile 公司窃取了机器人技术。据说有一名华为员工从 T-Mobile 的测试实验室里偷出了一条机器人手臂藏在自己的计算机包里，研究了一整夜，第二天早上又还了回去。美国 T-Mobile 公司不仅是德国电信（Deutsche Telekom）的子公司，同时也是第一家在美国销售华为智能手机的运营商，所以华为员工才有进入其实验室的权限。虽然德国电信无意起诉华为，此事却成了针对孟晚舟诉状的一部分。然而，这桩刑事诉讼的基础却是 2012 年华为与 T-Mobile 的民事诉讼。当时，T-Systems 公司要求华为因侵犯知识产权赔偿 30 亿美元，但在庭审过程中只能证明华为未能履行合同，因此最终赔偿额也仅为 480 万美元。对于 T-Systems 而言，这是一笔不划算的生意，因为单是支付的律师费就高达 1 800 万美元。律师们都认为，事情已过去 7 年，判决也已生效两年，要在没有任何实质上的新证据的情况下启动刑事诉讼，是非常不可能的。

但对于联邦调查局（FBI）而言，事情很清楚：这桩案件展示了"华为利用美国公司和金融机构威胁自由公平的世界贸易的毫无廉耻的顽固举动"，联邦调查局局长克里斯多弗·雷（Christopher Wray）声称："华为及其高管一再拒绝尊重美国法律和国际商业标准。"

"雷至今没有提供任何证据。"任正非反驳说。"再说了，所谓的'国际商业标准'是谁制定的？美国人吗？"他质问道，语调突然尖锐了起来。

2019 年 1 月，华为宣布已开发出一款可用于整个 C 频段的芯

第四章　全球掀起5G风波

片。这将大幅降低网络运营商的成本，因为现在有更多的用户可以使用同一个5G基站。正如日后所证实的，这是巨大的竞争优势，爱立信要多花两年，直到2021年初才能达到同样的技术水准。这一技术发展让美国人感受到了"人造卫星恐慌"[1]。4月，美国国防部发布了一项调查报告，警告正在出现的全球创新转移："中国已经通过一系列激进的投资攫取了领先地位"，可以"深刻影响全球的5G市场"。这项研究报告要求采取"进攻性的措施"来应对。2019年5月，特朗普不仅禁止华为的5G技术在美国使用，同时还禁止美国及西方所有供货商停止向华为供应零部件和软件。来自美国的操作系统安卓还能运行，因为这是一款开源软件，但谷歌服务和整个谷歌应用商店就都用不了了。

任正非呢？身处全世界最大两个经济体之间的全球性权力斗争当中的他，耐心地回击着数不清的指责。他一再解释：自己的公司不需要向国家提交任何信息，也从来没有提交过任何信息。他支持防窃听的通信设备，但前提是规则一视同仁，没有针对华为的特殊规则来扰乱市场竞争。他不厌其烦地说明：华为今天就是最先进的公司，希望这一标准能够作为对所有企业的强制性约束被引入。因为和诺基亚、爱立信或思科不同，华为早已将其源代码交给信息技术安全部门。任正非甚至已做好了将5G技

---

[1] 1957年10月，苏联成功发射世界上第一颗人造卫星"伴侣号"（Sputnik），导致了美国和西欧的巨大恐慌，认为自身科技优势地位即将不保，从而大幅度增加开支，反过来造成"冷战"升级。后来，"Sputnik"在俄语中成为"卫星"的同义词，而美西方亦用"人造卫星恐慌"（Sputnik-Shock）来描述遭遇巨大挑战时的心理冲击。——译者注

术出售给美国的准备。"然后美国人想怎么处理就怎么处理。"他说。他甚至想要向全球的合作伙伴做出书面承诺,保证自己的科技中绝对没有留下会导致数据流失的后门。签订这一份"无后门协议",就意味着只要能证实华为软件中确实有数据流失的后门,华为就同意向相关国家支付一笔巨额赔偿。

这是一项意味深长的要约。因为倘若一家像华为一样的公司坐实了违规的行径,从商业上说就在西方走到了头。通常情况下,这种提议一般都预示着谈判的开始。但这次不同,因为对于特朗普而言,华为这个敌人的形象才更加重要。更理想的状况是,他的选民的愤怒能够集中到中国人而不是他自己身上。不过,对于一个新兴的亚洲国家的愤恨,也不是随着特朗普上台在一夜之间传遍美国的,而是在数十年间缓慢却持续不断地增长起来的。各式政治家都曾有目的地利用过这种情绪。在 20 世纪 80 年代,罗纳德·里根(Ronald Reagan)曾针对东芝(Toshiba)开战。东芝集团在 1986 年卖出了第一台笔记本电脑。两年之后,美国参议院的议员们就当众用锤子砸碎了一台东芝收音机,在媒体上激起轩然大波。1989 年,还有一位纽约商人在美国黄金时间的一档电视节目中愤愤不平地断言:"他们系统地吸干了美国的血。"这个商人的名字,正是唐纳德·特朗普。

当时的指控是东芝和苏联人有合作。人们声称,东芝和一家挪威公司向苏联出口了由计算机控制的轧机,用以生产低噪声的潜艇螺旋桨。当时的美国众议院几乎一致投票赞成一项长达数年的东芝产品进口禁令。

历史有时总是惊人地相似,甚至连人物都一样。特朗普的美国贸易代表，同时也是中美贸易战最关键的设计师之一的罗伯特·莱特希泽（Robert Lighthizer），在20世纪80年代也参加了同日本的谈判。东芝活了下来，但几乎是跪着活下来的。而在美国，这一战略从此就被等同于成功。当时与今日、日本与中国的最大不同在于：中国有巨大的国内市场，因此早就对西方没有那么强的依赖了。

任正非究竟有没有可能知道等待着他的是什么呢？他自己并不觉得。"我们现在生活在全球化的开放时代，"他说，"所有人都依赖所有人。不光是中国依赖美国，美国也反过来依赖中国。"

"但这种依赖是否意味着，我们就什么也做不了，只能眼睁睁地任凭中国渗透？"我锲而不舍地追问。

"我们怎么渗透西方了？"他尖锐地反问道，"您的恐惧没有任何证据。苹果和高通芯片渗透了中国吗？德国汽车和巴斯夫（BASF）的化工厂渗透了中国吗？"

任正非简要地勾勒了这种相互依赖：华为需要欧洲的科学家，才能研发出能应对未来的全新产品。反过来，华为又帮助欧洲建立信息基础设施，让工业与其他合作伙伴能够共同实现商业模式的转型。为此，华为愿意和全球的科学家合作，当然不局限于欧洲。"只有我们合作，才能造就一个越来越智能的世界。我们产品的组件来自日本和德国，我们使用的软件来自西门子或博世，也有来自法国的达索（Dassault）公司。在这些软件中，我们植入了自己的人工智能技术。而这又会让欧洲感兴趣。例如，我们为自动驾驶提供了最好的5G软件，而全世界最优秀的汽车则来自欧洲。"任正非阐释说。

然而，这一切都无法改变西方的那种感受，即华为这家来自中国深圳的公司正在蚕食美国和欧洲的权力地位，压缩西方人确立世界秩序规则、决定对错的空间。此外，还有对丧失工作岗位的恐慌，因为经济生产中，有越来越多的部门开始迁往亚洲，也有越来越多与未来相关的科技正在亚洲开发。也是出于这一原因，唐纳德·特朗普看到了团结西方打压华为的好机会。这一次的口号是"美国优先"，即中国不能再强大，而美国的盟友则应该老老实实地继续听华盛顿的号令。

他就是想要拿华为杀一儆百。特朗普命令派驻60余个国家的美国外交官，向各国政府施加针对华为的政治压力。他要求手下的人威胁各国政府，如果他们允许本国使用华为的商用5G产品，美国就将停止与之共享情报信息。而这些国家的企业在美经营也将遭到打压。

美国在这个问题上最想拉拢的国家，莫过于引领欧洲的德国。于是德国就陷入了中美权力之争，而背负着整场争斗的，却是一家来自深圳的公司。

在那段时间，任正非在谷歌上搜到了一张伊尔-2强击机的照片。这种单发引擎、装甲厚重的强击机在"二战"期间曾大量列装苏联空军。在任正非的那张图片上，一架伊尔-2被敌军的炮火打得千疮百孔，但仍然在空中飞行。"我一看到这张照片，就立刻想到，华为也正身处类似的境地：虽然被击中，却依旧能翱翔。"他对我说。

任正非让人把照片加上了华为的商标，以及这样一行饱含英雄气概的文字：没有伤痕累累，哪来皮糙肉厚。自古英雄多磨难。然后,他开始了一场全方位的宣传造势。西方的公关专家可能会建议他不要这样做,因为他忽视了历史的细节。苏联飞机不是被美国,而是被德国的高射炮击中的。而德国不仅对美国相当重要,更是华为在西方世界最大的市场,尤其是在进入美国的门路被封死之后。但这些问题都是小事,并不会使任正非分心,他坚信这场声势浩大的宣传不仅能够激励他的员工,更能够让全世界看到华为正在遭受的攻击有多么严酷,"压力让我们团结一心"。

任正非还有一场会见,于是,我们相互作别。但第二天,我还会再度遇见他。

崛起的迷狂与衰落的痛楚

在回酒店的路上,我终于明白任正非身陷的是怎样一种魔鬼的循环。他越成功,西方那些觉得自己受到他攻击的人就会越狠辣地想尽一切办法去削弱他。于是他就感受到了更大的压力,要一直保持成功。

将近四分之一个世纪前,他独自一人站出来抗衡一批西方企业,这些企业的历史加在一起已逾千年。而到今天,他在电信网络领域的对手只剩下了芬兰的诺基亚和瑞典的爱立信,以及要打一些折扣的美国的思科。但它们几无可能再与华为并驾齐驱。因为,华为现在的全球市场占有率已经超过30%,而西方世界最大的网络服务供应商诺基亚虽然排名第二,但其15%的市场占有率却远远落在华为后面,并且这个数字还有继续下降的趋势。曾几何时,诺基亚是智能手机的先驱,直到苹果的 iPhone 逼迫芬兰人放弃这一块业务。于是，诺基亚收购了西门子和阿尔卡特 – 朗讯（Alcatel-Lucent）的相关分支业务，作为电信网络专业企业重获新生。可现在又从深圳出了个竞争者，这让诺基亚再度陷入重压。这个集团数年来连续亏损，近5年的股价一直在缓慢走跌。

爱立信虽然在2005年收购了美国通用电信的子公司马可尼（Marconi），但市场占有率依旧不高。此外，还有来自加利福尼亚州的思科。作为网络设备商，思科是美国市场上的龙头老大，利润相当可观，这也是因为它专注于企业网络。思科关注政府机构、管理部门和社区内部各个办公室的联网，市场份额稳定保持在6%。不过和华为不同，思科并不建设移动数据基站，因此不能算严格意义上的移动数据网络设备商。

在亚洲，三星还扮演着重要的角色。诺基亚、爱立信和思科等来自西方的供应商在技术上已经落后了许多年，尽管爱立信在中国设立了5座研发中心，其中有一座还专攻5G技术。此外，爱立信全球最大的生产和物流中心也不在瑞典，而在南京。这家公司在中国有1.1万名员工，其中5 000人是在研发领域工作。和爱立信一样，其余的设备商也在中国开展5G科技的部分关键领域攻关。因为中国早就提供了波段资源，而这是由于4G网络在超级城市，尤其是在人口密集的聚居区，早已经接近其带宽的极限。

华为的竞争对手诺基亚在上海有一家合资企业，是与国企中国华信联合设立的，不过诺基亚并不占有多数股权。公司叫作诺基亚上海贝尔（Nokia Shanghai Bell），直到2020年5月是唯一一家归国务院直管的外商投资企业。爱立信年销售额的7%、诺基亚年销售额的9%来自中国市场。

然而，尽管欧洲企业在华活动积极，它们和华为的差距却越来越大。这是因为华为每年投入科研和研发的经费要多得多，达到了年销售额的15%。从百分比上看，这一数字是爱立信的3倍，而实际的数字则达到了4倍，因为华为有着更高的销售额。

如此一来，德国和欧洲就陷入了困境。它们需要仰赖他人的科技，而这种科技所来自的国家却有着完全不同的价值体系和数据保护理念。人们过于长久地低估了这位来自远东的竞争者，也低估了科技本身。尽管任正非本人未必这样看，但他确实成了一个活生生的例子，证明"美国梦"并不只是美国人独有。因此，他才会被特朗普盯上当作替罪羊。特朗普虽不以共情能力著称，但他却很快亦相当正确地理解了他的国民在看到美国失去影响力、施展空间越来越小时，将会感受到多么大的痛楚。人们用不着精通外交政策，就会有那种无法欺瞒的感觉，即自己的国家正日薄西山，越来越羸弱。从不断缩水的储备金、报酬越来越低的工作中，人们就能体会到国力的衰落。于是他们愤怒了，指责政治家没有一点儿针对性的举措。

美国在世界体系中的逐渐衰落，与其国民自身开始走下坡路同时发生。二者都体现在一种越来越强的失落与痛苦之中。特朗普的"让美国再度伟大"的"短路疗法"来得正是时候，对于受了打击的民族自豪之魂而言，这句口号成了一剂良药，宣称能为众多美国人的经济担忧提供慰藉。特朗普知道，如果有一只替罪羊，人们就能更好地忍耐痛苦。于是，这位美国总统就对美国人高喊：这一切都是中国、华为和任正非的错！他不仅直接说到了众多美国人的心坎里，也说到了不少欧洲人的心坎里。即便是那些不喜欢特朗普的人，也在这个问题上和他看法一致。在他们看来，特朗普向中国开炮，毕竟是件好事。

即便特朗普没能让美国在经济上再度伟大，但他至少成功地让那些一度觉得已被抛弃了的美国人感受到了他的关怀。将近一半的美国人希望在2020年的大选中助特朗普连任。这个国家从未这样分裂，在投票点亦是如此。特朗普从他的前任巴拉克·奥巴马（Barack Obama）手里接过了3 460亿美元的贸易逆差，而当他在2021年将总统宝座让给继任者乔·拜登（Joe Biden）时，贸易逆差依旧有3 100亿美元。就算是减去新冠肺炎疫情的影响，他在与中国的贸易战中也没有讨到什么好处。在他总统任期的最后一年，美国经济缩水3%，而中国经济则增长了2%。他之所以依然能够将如此多的选民团结在自己周围，揭示出了许多美国人对往日的荣光有着多么强烈的怀念。回到旧时的伟大，这就是特朗普当年所承诺的。

美国人想再度成就经济强权，决定创新的节奏，就像他们在先前数十年中所做的那样：先是苹果和微软，然后是Facebook、谷歌和亚马逊。特别是在20世纪90年代，美国人不断地告诫中国人，切勿低估市场经济竞争的理念，尤其是因为美国希望借助竞争动摇中国的政治体制，期待中国和苏联遭受同样的命运，而美国和其他资本主义国家则能够越发强大。然而，美国人的愿望落了空。

当中国人开始显露出认真对待市场竞争、开始挑战美国的技术霸权的苗头时，美国人的告诫声便越来越小，最终被自我防卫反应所替代。教师爷似的居高临下变成了尖酸刻薄，尖酸刻薄又变成了泼脏水和污名化。

不过，德国20世纪著名的社会学家诺贝特·埃利亚斯（Nobert Elias）早已令人信服地指出，中美之争在历史上算不得什么不寻常的现象。他在《建制派与外乡者》(*The Established and the Outsider*)中，叙述了建制派是如何诋毁外来者，以巩固自身的权力的。因为新来的人总是有不同的尺度，要求不同的游戏规则，尤其希望削弱建制派的力量。权力斗争的逻辑是，新人越强，对他们的恐惧就越大，对他们的诋毁就越强烈。贵族就曾如此对待市民，殖民者就曾如此对待被殖民者，白人就曾如此对待黑人，而男性也曾如此对待女性。

埃利亚斯指出，无论在何处，这种权力斗争的结局几乎都如出一辙。建制派或许能够成功地减缓乃至暂时压制新人崛起的冲击，却无法完全阻止。即便是在德国当代的历史中，也有令人印象深刻的例子。大约40年之前，绿党还被传统党派鄙夷为投掷石块的人、意识形态主义者、极端分子，威胁到德国自身久经考验的价值与规范体系。然而，今天的绿党自己也成了建制派的一员。

进退两难的德国人

类似的情况正发生在中美之间，而这两个大国的博弈也影响到了欧洲和德国。或许德国人并没有如此强烈地将中国的崛起视为对自己国家地位的挑战，因为德国毕竟不是世界强权。但与美国不同，德国还有其他三大因素强化了这种抵触的姿态：

第一，德国人一直不满科技企业及其处理数据的方式，无论企业是来自美国还是中国。这种不满最终汇聚成德国人的合理要求，即不能为了特定公司的商业利益而牺牲数据安全。这一观点广为欧洲所接受，在德国则更加显著。但德国人的忧虑并没有顾及以下事实：与"GAFA"公司（谷歌、苹果、Facebook 和亚马逊）截然不同，华为压根儿就没有建立在数据之上的商业模式。华为只提供数据连接，类似于信息传播的"高速公路"。但人们对谷歌、苹果、Facebook 和亚马逊公司（出于商业目的）滥用数据的担忧却是非常现实的。面对华为，人们担心的是中国政府收集我们的数据。如果说前一种担忧针对的是美国公司的具体行为，那么后一种则只是出自迄今尚未被证实的对中国的怀疑。

第二，德国人始终致力于成为道德榜样。两次世界大战和大屠杀使德国人背上了沉重的罪责，在道德上坠入谷底。现在，德国通过几十年的努力再度赢得了尊重，不仅成了经济大国，在伦理和道德上发声也能得到全世界的倾听。德国人不能也并不想成为全球政治乃至军事强国，历史早已禁止德国人做此念想。历史学家海因里希·奥古斯特·温克勒（Heinrich August Winkler）是德国最著名的历史学家之一，他认为，德国因此希望自己起码成为一个道德上的世界强国。"人们有时候感觉到，好像有不少德国人相信德国能够解决世界性的问题。我们必须以史为鉴，负责任地行动。但如果我们德国人由此得出结论，认为自己在道德上比其他人高出一截，就离自大的危险不远了"，温克勒如是说。

第三，还有一个情况让冲突更加复杂。德国虽小，作为出口大国却比有着巨大国内市场的美国更依赖中国。这种依赖性又附着上了某种情感，即觉得德国被中国利用，遭到了不平等的对待。常常能听到这样的论断，认为中国从西方的技术转移中获得了比德国更多的利益；由于其市场既庞大又重要，中国可以任意制定游戏规则，越来越多地将自己从西方的框架中解放出来。此种观点在公共意识中根深蒂固，其程度远远超过以下事实：德国也从中国的崛起中赢得了颇为可观的收益。简要地说，人们可以如此概括这种情绪：中国简单粗暴地走自己的路，德国人始终秉持开放的姿态，但到头来却因太过善良，以至于无法保护自己。而现在终于到了自我捍卫的时候了，就像特朗普一样。

这种观点并不符合事实，因为在过去30年中，德国在中国的投资额是中国在德国投资额的4倍，并且绝大多数德国在华的投资在过去与当今都带来了丰厚的利润。2019年，中国连续第四年成为德国最大的贸易伙伴。不过，也要相对地看这一等式，因为从趋势上看，中国的出口额（2019年达到1 099亿欧元）要大于德国的出口额（960亿欧元）。但总体上可以确认，德国从中德关系，也从同华为的关系中获益良多，因为华为在德国采购额要大于其在德国的销售额。和许多中国公司一样，华为也有众多德国供货商。

可尽管如此，这些对中国的不满与其自身衰落感紧密地联系在一起，无法通过论证消除。西方认为像中国一样的国家会一比一地照搬我们的道路，也确实有些幼稚。即便是日本的民主也和欧洲的民主不尽相同，尽管日本从人口和发展阶段而言更接近欧洲国家而非中国。

所有这一切——担忧、愤怒、失落的期望——都在谈到华为时产生着共鸣。

深圳

德国周日的夜晚

在特朗普的压力下,德国将如何对待这家来自深圳的公司?德国又有多强烈的意愿,觉得必须联合盟友抗衡中国?这是我在结束与任正非的对话,回到酒店房间后给自己提的问题。于是我开始检索资料,发现了一期谈话节目,题目叫:"经济强权与监控之国——中国值得信任吗?"

297万人观看了这个节目,收视率接近10%。对于一个如此抽象的话题而言,成绩相当不错。而此时,也就是2019年,整个德国关于华为和中国的媒体报道正处在巅峰。主持人是安娜·威尔(Anne Will),播出时间是德国周日的晚上。

在访谈节目的世界中,有时就像在上演现代的角斗士。节目的生存仰仗于尖刻的评论、不受控制的情绪,以及可以比平时更出格的言语。这就意味着,无罪推定、被告人的辩护权以及原告的举证义务等基本原则,都被完全抛在了后台,只为了看人唇枪舌剑。而如此高亢的情绪也明显展现出,中国所带来的挑战是多么令人不安。

对话嘉宾:基民盟(CDU)、绿党(Die Grünen)和自民党(FDP)各出一位政治家。他们分别是基民盟党籍的经济部长彼得·阿尔特迈尔(Peter Altmaier),他是默克尔的亲信;自民党秘书长琳达·陶特贝尔格(Linda Teuteberg);玛格蕾特·鲍泽(Margarete Bause),巴伐利亚绿党在联邦议会的代表,也是绿党议会党团人权和人道主义援助委员会的发言人;还有德国工业联合会(BDI)主席迪特·肯普夫(Dieter Kempf),2016年之

第四章　全球掀起5G风波

前,他担任 DATEV 公司董事会主席,这家坐落于纽伦堡的企业是欧洲领先的数据服务商之一;还有汉学家和政治学家古思亭(Kristin Shi-Kupfer),十多年前,她曾在《时代周刊》(Die Zeit)的驻京记者站工作过一阵,现在则就职于位于柏林、专事中国研究的智库"墨卡托中国研究中心"(MERICS),几个月后,她将前往特里尔担任大学教职,她是在场唯一一个有中国经验的对话人;最后还有格奥尔格·马索洛(Georg Mascholo),他50多岁,是北德意志电台(NDR)、西德意志电台(WDR)和《南德意志报》投资版块的主编。在2008年至2013年曾是《明镜周刊》(Der Spiegel)的主编。该访谈节目没有来自华为的代表。我后来了解到,根本就没有邀请华为。

绿党的玛格蕾特·鲍泽率先发难:从技术上不可能确保华为技术的安全,因此需要采取政治决断。她说。她要求将华为排除在德国5G网络建设之外,声称我们还有诺基亚和爱立信可选。"我们不是巩固自身的优势,而是越来越多地陷入对中国的依赖之中。"

古思亭也有类似的看法:光考虑技术问题远远不够。必须要有政治决定,而政治决定只能是排除华为。

即便是自由民主党的陶特贝尔格女士,也不争取自由市场经济中的同等标准,或是对于所有人均适用的公开规则,而是要求排他。"必须有一条将华为最终排除在外的法律。"

格奥尔格·马索洛也持同样的观点,不过他还更进了一步:"我们现在必须讨论,一条能够摆脱这种中国科技的道路应该是什么样的。"他说。德国工业界也会如此作想:"每个人都在找一条出路。"马索洛强调关键在于,"欧洲作为整体该如何应对。"

以上这4个人的观点和立场在根本上是一致的:他们和特朗普一样,都要求某种"反华为法"。并不是因为华为做错了什么,更不是因为华为违反了哪项现行法律,而显然只是因为华为来自中国。可以说,他们固执地捍卫着自己的世界,觉得自己与之紧密相连。在他们看来,贬低崛起者是一条守护自己世界的恰当道路,可以说是一种正当防卫。

访谈节目另一部分参与者虽然也同样批判地看待中国,同样因为中国的崛起而感受到了挑战,但他们却认为:保护自身世界、捍卫目前状况的更好办法不是对抗和排斥,而是合作与创建共同而有约束力的规则。正是基民盟党籍的经济部长阿尔特迈尔要求所有人都能享有共同的权利,"在美国国安局的窃听事件爆出后,我们也没有对美国企业一禁了之。"他说。但他的论据显然不能让其余对话人信服。

肯普夫则指出了美国政策的矛盾:"为什么当我向一个国家出口更多的大豆之后,这个国家的通信技术设备企业就不再成为威胁,这个问题在技术上让我完全无法理解。"这是在影射中美之间的贸易战,华为是其中的重要砝码,被美国用来迫使北京从美国农民手中进口更多的大豆。至少,他的幽默还是收获了掌声。

阿尔特迈尔紧接着表示,正确的口号"不是排斥中国,而是强化欧洲"。我们不能让美国或者中国的供应商存储我们的数据,部长补充说。因此欧洲需要自己的云服务:盖亚-X(Gaia-X)。"在整个数字化领域,我们都必须补课。问题是,我们是否相信自己能够弥补空白?"他抛出了诱饵。显然,我们不信任自己。

讨论进行的时间越长,情况就越清楚:在这场节目中不可能达成什么共识。两队人马截然对立,不可调解。其中一队可以称为"融入派",另一队则可以被称为"抵抗派"。两边虽然都是建制派,都同意应当共同抵御来自崛起的中国的挑战,但应当采用何种方式方法,双方却无法统一意见。

"抵抗派"希望尽可能早、尽可能持久地削弱崛起的中国。"抵抗派"指责"融入派"的商业思维太重,低估了中国和华为的威胁。

"融入派"则希望通过对话和合作让中国承认西方价值,以通过接触实现转变。他们指责"抵抗派"过于情绪化,因此错认了世界新秩序真实的力量关系。

双方互相指责对方轻易放弃了自身价值体系的竞争力。

节目的主持人安娜·威尔则试图对各个论点提出相反的论据,试图巧妙地化解双方剑拔弩张的情绪。她引用了绿党政治家约尔根·特里廷(Jürgen Trittin)的话:"有一件事是联邦政府绝不能做的——在特朗普对华贸易战中成为其帮凶。"特朗普对华为的打压是"美国在信息工业领域独霸统治地位"的尝试。"您也看到这种威胁吗?"威尔问。只可惜她问的是工业联合会主席,而不是特里廷的党内同人。

作为"融入派",肯普夫自然也对排斥美国没有兴趣。"我们需要一部欧洲法律规范,使充满着工业数据的经济空间能够依此运行。"至于是由美国、中国还是欧洲的供应商使之落地,"在我看来是无关紧要的,只要他能够遵循我们为这一问题确立的、顾及所有安全问题的平等法则即可。"

安娜·威尔与观众作别。节目你来我往很是精彩,但结束时一如先前预料的:依旧不能实现和解。

看一眼民调机构福尔萨(Forsa)的研究就能确证,节目恰如其分地反映了德国现在的民意情绪。接近一半的德国人反对结束使用华为的5G,只有三成多的德国人支持。支持者加上那些显然无所谓的未决定者,才将将过了半数。

随着时间的推移,"抵抗派"和"融入派"之间的阵线越来越泾渭分明,以至于实地调研华为已经成了政治问题。2015年时还不是这样。当时,北威州州长汉娜洛勒·克拉夫特(Hannelore Kraft)与一个媒体代表团到访深圳的华为园区,也没有引起太大的争议。而到了2017年初夏,默克尔的幕僚就已经劝说她在访问深圳时不要参观华为。她听取了这一建议,到访了一家基因研究公司和西门子。

不过,至少经济部长阿尔特迈尔在2019年6月和任正非在上海见了面,但并不是在华为的研发中心,而是在一块中立的场地,而且会见事先对外保密。"正非再三保证,商业窃密并不符合华为的利益。""正非"指的当然是任正非,这位《图片报》(Bild)的记者显然不知道中国人是把姓写在前面的。这也揭示出德国人究竟有多不了解中国。

思想先驱、智慧工厂和工业4.0

我合上笔记本电脑,走出我在深圳的酒店,溜达着过了一个街区，走进了福田中心四路的 Mokihi 酒吧。这是一家开在中国的日式威士忌酒吧，我认识他们家的老板。他们刚开始先在北京开了家小酒馆，如今已经是日本文化在中国最核心的代表之一。因为别处都坐满了，我就和两个身材相当魁梧的中国人并排坐在吧台。原来他们是一对情侣，都是职业网球选手，来自辽宁省，不过已经在深圳生活了好一阵子。我起初还想过和他们说说任正非和德国的电视访谈节目，但很快就放弃了这个念头，因为现在再开启这个话题着实有点太折磨人了。于是，我们就谈起了体育，以及中国网球运动员要在世界打出一片天地有多么不容易。在我们头顶上，闪烁着高楼外那些五彩斑斓的巨型 LED 灯光。当两人的朋友——另一位网球选手加入我们时，我便找了个理由先走了。

喝着威士忌时，我又在想刚才的节目，以及我与任正非的访谈。节目中，提给建制派最重要的问题，其实并没有得到回答：究竟为什么会出现我们欧洲人将要被华为超过的局面？毕竟事实摆在面前：西方越来越衰弱，而中国以及整个亚洲却越来越强大。我们先前的协议，即给中国提供技术来换取市场份额，无法就这样简单地继续执行，因为现在是中国在为创新制定标准。

另外，我觉得在圆桌访谈中还缺了一个人：一位了解 5G 问题的专家。幸运的是，我第二天就会与这样一位学者对话。我约了德国工业 4.0 思想先驱——德特勒夫·祖尔克教授。

在一场大会的间歇，我们在一间会议室匆匆见了一面。没有太多时间，祖尔克教授只是短暂地在深圳逗留，而且之后马上还有晚宴。"完全出乎我的意料，"祖尔克说，他是第一次到访深圳，

"在这里才能清晰地看出,我们究竟蹉跎了多久。"

祖尔克教授是一位安静却相当果断的人。人们可以发现,他说话之前确实有一番深思熟虑。他已经70多岁了,是凯泽斯劳滕(Kaiserslautern)科技倡议"凯泽智慧工厂"(SmartFactory KL)的奠基人。工业4.0的理念不是在柏林,而是在凯泽斯劳滕、在他的引领下诞生的。自打他在亚琛理工学院(RTWH Aachen)学习电子技术与信息科学之后,他就一直致力于研究机械和软件的结合。四分之一个世纪以来,他一直在凯泽斯劳滕研究和讲授生产自动化。他从2009年至2017年领导着德国人工智能研究中心(DFKI)的创新工厂系统研究领域,现在成立了关注人工智能话题的欧洲研究协会。像祖尔克这样的人,根本不怎么关注安娜·威尔的访谈世界。

"5G对于德国工业的影响会不会被过度夸张了?"我问他。

"恰恰相反。"祖尔克毫不犹豫地回答说。可以发现,他有些忧心忡忡。他认为,人们还根本无法纵览5G为德国工业带来的机会,但现在就已有类似趋势。比方说,不用复杂的导线就可以通过5G将工业4.0产品的模块简单地重新组装在一起,随后立即继续生产。"这可以节约时间,降低复杂程度。"

"一些德国政治家担忧,信息数据会通过华为流向中国。这样的担忧有依据吗?"我接着追问。

"为什么我们今天就没有这样的担忧?"他反问说。说到底,这根本用不着5G技术,信息在今天就可能流失。几乎每天都会爆出Windows的新漏洞。"黑客,尤其是国家主导的黑客,今天就已经能接触到各种东西。"他们比华为要危险得多。"许多大国,包括部分小国,早就掌握了相关的必要技术。"

完全放弃华为不是更保险吗?毕竟还有诺基亚和爱立信的技术。

"不,这样做并不明智,"祖尔克认为,"华为是市场的领头羊,遥遥领先于其他竞争对手。"其他公司规模不够大,无法在短时间内满足西方市场的要求。"如果我们要保持竞争力,除了接纳华为之外别无他法。人们可以对此表示遗憾,但情况就是如此。没有华为,我们就会出大问题。"

因此,祖尔克认为,充分地辩论安全问题就越发必要了。但令他感到遗憾的是,这样的辩论已经被"打着政治利益烙印"的讨论所取代,而引发这种讨论的是一个"叫作唐纳德·特朗普的人,他肯定不以有远见的论据见长。"

"难道最有意义的不是集中一切力量,尽快追上华为在研发上的领先优势吗?"我问道。

"我们无法很快实现这一点。"祖尔克说。相信仅凭借一国(即便是德国)的力量在今天就能实现一切,在他看来已经是不切实际的幻想。在涉及领域广泛的科技上,必须加强国际合作,才能提升研发的速度。

但难道不也会提升依赖性吗?

"这是不可避免的,"祖尔克说,"我们必须要确保实现各方的相互依存。"他认为,我们应当聚焦于我们的机会,"而不是过度渲染来自他国科技的风险。"祖尔克指出,我们的不足之处在于,从理念到实践运用所需要的时间太久。

他有过亲身经历。他和他的团队于2005年就在凯泽斯劳滕建立了"凯泽智慧工厂",本想在 8 年内制造出能够进入市场的产品。"但最终花费的时间要长得多。"

大问题之一是标准化进程太过迟缓。但工业 4.0 的核心就是所有零部件的持续联网,从传感器到机械最终到完整的供应链。故而,全球市场上的大玩家应当联合,共同确定统一的标准。

最终,产自日本的机器人应当能够与德国的机床共同合作,而且应当是一连接上或一用 5G 联网就能实现。这样的合作,应当像每一副蓝牙耳机都能和任意一款智能手机配对一样理所当然。"只要这还实现不了,关于华为问题的辩论就是奢侈的。"

在过去,德国和日本曾经是工业自动化技术在世界市场上的龙头。可现在,中国却在这一领域远强于日本与德国之和。"我们眼下可以庆幸的是,中国还没有开始冲击世界市场,因为它还需满足巨大的国内市场。"但是形势可能会很快发生转变。世界市场领头羊的地位丢起来有多快,英国和美国就是最好的例子。"第一次工业革命源自英国。可请您看一看今天的英国!第二次工业革命来自美国。可现在,美国人却不再掌握生产过程中的专业技术。"

德国将在今后几年陷入重压。"人们在中国可以看到:今天制造内燃发动机的工人,未来就将会失业。我们必须为此做好准备。我们本来应当明明白白地将之告诉人们,并且指明替代选项。"然而,对于政客而言,这样说实话显然"太别扭了"。

这也是祖尔克的亲身经历。他在大学毕业后曾在机械工程领域工作,并且拿到了教职,尽管他不是学这个专业出身。"我的口号是:在机械工程中加入更多的信息科技。可我却遭到了同事们的嘲笑,"他说,"那些人说:'我们才不需要这种东西。我们想要和真正的机械工程专家共事。'"所以,他才跳槽到了凯泽斯劳滕的德国人工智能研究中心。"头几年非常艰难。即便是那儿的人们也不理解我,而我也不理解他们。他们就坐在自己的学术象牙塔里,自然和当时机械制造行业的实际需求离了十万八千里。"作为机械制造专家,祖尔克反倒是希望能造出那些立刻就能使用和销售的产品。当然,今天的合作已经相当出色。不过现在更重要的是,在欧洲层面也实现类似的项目。"然而没有 5G 会很困难。"可工业界是否会接受华为的产品?根据华为 2021 年年初的报告,公司已经在 20 个不同行业签订了 1 000 份 5G 行业应用合约。这是非常可观的数字。

产业界立场明确

欧洲通信企业经理也持类似的态度。毕竟,最后要为客户数据安全负责的不是华为而是他们。华为是"非常可靠的合作伙伴,能够实现技术上最高水平的表现",Telefónica 德国分公司 CEO 马库斯·哈斯(Markus Haas)对《世界报》表示。西班牙电信设备商 Telefónica 占据三分之一的欧洲市场,O2 电信也是其子公司。在德国,它的市场占有率达到 32%,稍稍领先于德国电信。

哈斯不希望投资决定被迫屈从于政治专断。相信中国能掐断欧洲网络或者盗取数据,简直是"一派胡言"。"我们是自己网络的主人。"

德国电信同样不愿意排斥华为:"我们最希望能够同时运用多个网络设备商的技术。"德国电信首席执行官德克·沃斯纳（Dirk Wössner）表示。这一表态充满了犹太智者所罗门的智慧。虽然没有具体提到华为，但德国电信已与华为合作了多年，"这可以压低价格并加速 5G 建设。"沃斯纳说。然而，德国电信在政治上却身处相当困难的境地。其旗下的 T-Mobile 是美国第三大电信企业，且年均增长率达到两位数——完全不同于在欧洲。2019 年，这家波恩企业正要并购体量较小一些的竞争者 Sprint 公司，因此和唐纳德·特朗普对着干是很不明智的。美国总统最爱制造这种将人一军的局面。尽管如此，沃斯纳依旧没有刻意针对华为。

而欧洲第三大电信商、英国公司沃达丰（Vodafone），也加入了同一声部的合唱。关于 5G 安全性各方面的政治讨论，将会导致"欧洲 5G 建设陷入停滞，"沃达丰首席执行官尼克·里德（Nick Read）强调，"我们无法忽视这一事实：华为已经占了整个欧洲市场的 35% 份额"。里德警告，一旦排斥华为，德国的 5G 建设就可能拖上五年。他并没有安全方面的顾虑，没有华为滥用数据网络的征兆。

沃达丰德国首席执行官汉纳斯·阿梅茨赖特（Hannes Ametsreiter）更进一步要求对移动网络的安全性展开"就事论事的辩论"。如果有一家 5G 设备商坐实了滥用数据，就应当承担返还之前十年收益的惩罚。"这是一大笔钱，金额通常高达数十亿美元。"阿梅茨赖特对《法兰克福汇报》（Frankfurter Allgemeine Zeitung）表示，"这是全世界都能听懂的语言。"国家应当通过这样一项法案，罚款则应上缴国库，用来加强数据安全建设。

这项提议也得到了思爱普（SAP）创始人迪特玛·霍普（Dietmar Hopp）的支持。他在接受《法兰克福汇报》的采访时说："我对华为没有顾忌。"思爱普紧追微软和IBM，是全球最大的位于美国之外的软件公司，也是德国市值最高的公司。

通信行业普遍认为，设备商公开其源代码，也就是程序的设计图纸是有意义的。这真是呈现了一个颠倒的世界，华为几年前就允许英国政府检视其代码，而欧洲的竞争者诺基亚和爱立信却始终在抵触。华为甚至宣布，愿意将源代码向监管机构公开，倒是爱立信表示尚未做好准备。"在未来的移动数据网络中，某些组件可能一个月乃至一周就要更新多次。因此，提前让政府部门审查源代码，在操作上是行不通的。"爱立信首席技术官艾瑞科（Erik Ekudden）说。显然，这对于华为来说不成问题。那为什么爱立信不愿意呢？或许是因为这样一来，他们技术的落后就将显露无遗？也不是不能这般设想。

那么，安全专家对此问题又是如何表态的呢？德国最高阶层的网络安全捍卫者、联邦信息技术安全局（BSI）主席阿内·舍恩博姆（Arnd Schönbohm）对《图片报》表示，他迄今为止还没有收到任何一条关于技术领域情报活动的线报，哪怕是我们的盟友也从没有提供过相关信息。当然，他也不能完全排除未来出现类似情况的可能性，但可以通过严格的管控大大降低风险。他的安全实验室从2018年11月起就开始研究华为这家深圳公司的设备和软件，也和沃达丰与德国电信保持密切合作。

电信行业的结论相当统一。他们看到的更多是机遇而非风险。但是，这却改变不了公众的情绪。人们的感受是影响力的丧失、本国的市场太开放而中国的市场又太受保护……这都是部分政治家不听取产业界论据的绝佳借口。

"抵抗派"政客中，最声名显赫也最引人注目的代表，要数社民党籍的外交部长海科·马斯（Heiko Maas）。他试图防止德国遭受伤害，缓和德国人恐将遭遇的失落之痛。而他借助这种姿态，改善了自己与他的党在同安吉拉·默克尔和她的基民盟的国内权力斗争中所处的地位，这只不过是令他欣喜的副作用罢了。当默克尔、阿尔特迈尔等人站在"融入派"一边时，马斯加入了他们的对立面。对他而言，这并不是什么难事。外交官们在任何情况下都不想让人非议，说他们低估了风险。

德国内政深处的华为

于是，在德国历史上，第一次燃起了一场关于一家中国公司的科技的政治决斗。而绝非偶然的是，这家公司恰恰来自中国最先进的城市。

这场论争可谓牵一发而动全身。它关系到德国、欧洲与整个西方在经历了500年的西方优势地位后，面对以中国为核心的亚洲崛起时，其将在世界中居于何种地位。

2019年11月，《时代周刊》对德国外交部长做了深度采访。那些在华为问题上鼓吹焦虑的人们应当感谢他。"我们数字基础设施的安全必须成为核心。"马斯希望能够直接呼应民众的担忧与情绪。他的要求是联邦议会应当做出决断。这样一来就没有人能反对。这一提议在内政上的副作用便是联邦议会的表决很可能会削弱总理默克尔的地位而增强社民党的力量。"必须要审查企业是否有将应受保护的信息与数据提供给国家的法律义务。"马斯言之凿凿地说。

我和任正非的第二次会面就是要讨论这一点。

在相互寒暄了一番后，我直奔主题。不知任正非怎么看中国共产党？

"我爱我的祖国，"任正非回答说，"我支持中国共产党，但我绝对不会做出任何有损其他国家的事。"

"我可以保证，德国或者欧洲的数据绝不可能通过华为的5G组件或产品的后门流向政府机构。"任正非补充说。为了防止这一点，他建议采取全球解决方案，"如果全世界的网络服务商与设备商都承诺不植入后门，就会大大简化网络安全监管。"他表示"绝对赞成在全球范围内贯彻这一点"。

即便这一建议很有意义，任正非自然清楚，特朗普必然不会接受，而且采取全球统一的解决方案其实并没有太多机会。对于特朗普而言，没有理由通过妥协去缩小攻击"敌人"的阵地，更何况他在内政上迫切需要这样一个"敌人"。

在和《时代周刊》访谈后，马斯安排起草了一份相应的社民党立场文件，以回应"抵抗派"的情绪。"在建设5G网络时，不受信任的制造商原则上应被排除在外（既包括核心网亦包括边缘网）。"社民党于2019年12月发布的立场文件这样写道。

社民党的立场文件中虽然没有提到，但意指的就是中国和华为。从原则上说，产自美国组件也应当被包括在内，甚至连爱立信也不例外。这是因为就在社民党发布立场文件前不久，一家纽约法院刚刚判决爱立信罪名成立，理由是公司在包括中国在内的5个国家通过商业贿赂获取合同，罚金12亿美元。而这一判断也有可能存在政治因素，因为爱立信是一家能够削弱美国在世界科技地位的竞争企业。无论如何，这一判决让事情变得更加复杂。颇具讽刺意味的是，被美国法院指控行贿的是一家欧洲企业，而不是中国企业。

社民党人马斯在基民盟中找到了一位盟友诺贝特·洛特根（Norbert Röttgen），联邦议会外事委员会主席。凭借不遗余力的媒体工作和出众的修辞才华，洛特根很快就比马斯更引人注目。有一段时间，他甚至给人一种获得基民盟大部分人支持的印象。于是始终有所谓"基民盟内部的起义"（《图片报》），或者针对"烂到骨子里的政府"的"革命"（《法兰克福汇报》）之类的说法。

洛特根也为德国担忧，但同样也有明确的国内政治利益。他希望借助这一议题在党内搭建起反默克尔的一极。他总是能找到认同他立场的记者，而且，他对中国、华为和默克尔的态度受人追捧。洛特根倒是有理由如此积极：他意图成为下一任基民盟党首，而这正是默克尔想要阻止的。这是一场宿怨：默克尔在2012年不顾洛特根的个人意愿，解除了他环境部长的职务。从那时起，他就开始反对默克尔。默克尔让他遭受的屈辱，就和西方的衰落一样在他的心里深深扎下了根。作为坚定的跨大西洋主义者，西方之式微也让他痛心不已。西方与亚洲、洛特根和默克尔的权力斗争，在一个问题上有了重合，那就是中国和华为。

当论据不足时，洛特根甚至情愿扯谎应急。由此可以看出中国和华为是多么叫他恼怒。在 2019 年 7 月和新闻杂志《焦点》(Focus)的访谈中，他声称："中国根本没有向国外供应商开放其 5G 网络的想法。那么它就应该理解，为什么我们反过来也不愿意开放。"在 11 月接受瑞士《新苏黎世报》(Neue Zürcher Zeitung) 时，他也有类似表述："自始至终，中国都没有人会考虑让外国公司参与其本国的 5G 网络建设。"

正如我们现在已经了解的，爱立信和诺基亚早就在中国开展业务了。欧洲公司在 2019 年共获得了中国移动核心网 40% 的合同。做个对比：中国供应商在德国 5G 网络中的占比是 0，核心网的投资总额要小于无线接入网（RAN），但在安全技术方面却更加敏感。可恰恰是在核心网的问题上，情况刚好和洛特根声称的截然对立。而与核心网不同，只有爱立信参与了中国的 5G 无线接入网建设，因为诺基亚已经失去了竞争力。然而这同洛特根所说的恰恰相反，诺基亚并没有控诉被中国掌权者排斥和网络部署（Rollout）受到阻挠或被压制，而是承认自己的不足。倒是爱立信与中国三大运营商都达成了合作。"在今年春天，爱立信与中国电信、中国移动、中国联通均签订了巨额的网络部署合约。"连美国的《华尔街日报》(Wall Street Journal) 都这样总结行业发展趋势。对于这两家欧洲企业而言，中国都是重要的科研与制造基地，两家公司都在深圳生产。2019 年，诺基亚有 10% 的生产场地坐落于中国，而爱立信则达到了 45%。

洛特根在捍卫德国的世界地位和他在德国的地位时，倒不去批驳这些事实了。

基民盟里还有一个默克尔的反对者支持洛特根，那就是曾在默克尔内阁中担任内政部与财政部部长,现任联邦议会议长的沃尔夫冈·朔伊布勒(Wolfgang Schäuble)。这位 78 岁的政治家在默克尔的阴影下过得很不愉快,而且,他更想自己当总理,以至于他公开支持反对默克尔的弗里德里希·默尔茨(Friedrich Merz)竞选下任党首。默尔茨和总理也有笔旧账要算,2002 年,默克尔取代了他成为基民盟联邦议会党团主席。

因为朔伊布勒作为联邦议会议长无法亲自下场插手关于华为的论争,他就派出了与自己关系最紧密的亲信之一,现任联邦情报局(BND)局长的布鲁诺·卡尔(Bruno Kahl)。卡尔在联邦议会的议会制监督委员会的一次听证会上表示,5G 网络是"未来关键且具有决定性的基础设施"。而在中国的企业则被迫与政府紧密合作。"鉴于这种依赖性,人们无法赋予其必要的信赖。"卡尔声称。情报机构主管公开反对默克尔,确实罕见。不过,由于美国人的威胁,只要其允许华为参与 5G,就不再向德国提供任何情报信息,卡尔的理由倒也可以理解。

"抵抗派"调门的分量现在已如此之重,以至于默克尔被迫在"抵抗派"和"融入派"之间寻求妥协,尤其是两派之间对立的阵线不仅撕裂了她的执政联盟,更撕裂了她的党,不仅如此,民众在这个问题上的立场也尤其分裂。

"毫无争议,我们在建设 5G 时需要高安全标准",2019 年 11 月底,她在联邦议会所作的基调演说中表态。"但在我们自己定义了安全标准后,还需要与其他的欧洲盟友商讨。正如我们有欧洲药物上市审批机构一样,我们很可能也需要准入和认证机构来处理 5G 网络部件的认证问题,并同联邦信息安全局等国内机构合作。因为如果在一个欧洲的数字内部市场中,每个人都自顾自地行动,每个人都和他人做得不一样,那么我们就走不远。"

在11月底的基民盟党代会上,她再添了一笔。很有必要读一读她的整段讲话:"亲爱的朋友们,两大发展趋势标记着我们今天的时代:其一是数字化,其二则是气候变化,它如一面透镜,揭示出这个世界上只存在着有限的资源。联邦政府的工作也正是由此着手的。我们的工作是实现数字化,将数字化引入日常生活的所有领域,无论是5G频段的拍卖,还是我们在此还要延续的相关讨论。应当如何确保安全?我认为:我们应当在技术上保持开放,但我们应当设立标准。我们不应从一开始就将任何人排除在外。我们应该阐述什么是我们认为的安全网络。这必须成为我们的起点:无论是移动网络战略,还是玻璃光纤战略,我们都必须一一实现。我们在欧洲并不处于领先位置,而是需要补课。关键问题是,我们如何将人工智能引入我国,如何成为第一集团的科研高地。世界并不会打瞌睡。"

她成功地说服了基民盟党代会的代表。洛特根翘首以盼的"起义"落空了。但是,这场在莱比锡举办的党代会还是通过了一份决议,要求确保不会有"别国"——无论是西方国家还是非西方国家——损害未来功能强劲的5G移动网络的安全。这是洛特根的成就,同时也是对特朗普的回击。不过有一点人们还需要承认,特朗普毕竟做到了一件事:在如何对待来自深圳的创新竞争者的问题上,他成功地割裂了德国民众和德国政府。

深圳

施压引发更大的抵触

于是美国再次出招，加大了对德国的压力。他禁止全球制造商向华为出售用于制造芯片的美国技术。先前只是美国企业不得与华为合作，导致华为手机无法预先安装谷歌系统软件。而后，网飞（Netflix）、WhatsApp 和 YouTube 全亮了红灯。"一部极为漂亮、性能强大的手机，有着最为细致的技术，却没有人会买。"《法兰克福汇报》科技版这样总结华为的新手机。《世界报》的标题则是："一部来自中国的幽灵手机"。

西方还有谁会买一部没有谷歌软件的手机？这是沉重的打击。此外，谁还能在没有美国芯片技术的情况下造出智能手机和5G 设备？作为终端产品的芯片可以是华为制造，但生产暂时还离不开美国技术。

"华为现在是被迫要研发自己的操作系统了吗？"我问任正非。

他表示怀疑。"我们其实对将新操作系统投放市场并不感兴趣。"苹果和谷歌已经统治了软件系统的全球市场，此外，华为的核心竞争力也不在于此。"但如果美国阻止谷歌提供安卓系统，"任正非总结说，"那就不得不将第三种操作系统引入市场。而这将威胁到美国人的全球统治地位。很有可能，新势力会比稳坐钓鱼台的冠军更有干劲，而要是新人取得了领先，美国便可能陷入相当困难的境地。"或许这将是第一个亚洲操作系统。

"特朗普为我们打开了新的市场机遇。"任正非尝试将失败看作机会，"在他说华为的产品相当出色，因此对美国的国家安全造成威胁后，几个不与美国结盟的国家就希望尽快购买我们的设备。"听上去，这有点儿像在黑暗的森林中吹口哨给自己壮胆。

无论如何，美国人还在继续施加压力。时任美国国务卿的迈克·蓬佩奥（Mike Pompeo）在2019年11月访问柏林期间，比以往更赤裸裸地威胁：只要德国允许华为存在，美国就不会再和德国情报机构共享情报信息。

然而，华盛顿的压力却没有收获预期的结果，反而导致"融入派"在德国越来越成气候。这是由于"抵抗派"也要抵抗美国人，于是越来越陷入两难境地。一句话：特朗普的极限施压导致了完全相反的结果。在2020年1月第65届慕尼黑安全会议上，这一点体现得尤为明显。在慕安会的历史上，从来没有任何一届会议在安全政策上如此强烈地聚焦技术问题，也从没有关注过一家中国公司的技术。但实际上，这个话题关注的不止于此，而是同样关注到美国人和德国人在如何最有效地捍卫西方统治地位这一问题上的分歧。

时任美国国务卿的迈克·蓬佩奥和国防部长马克·埃斯珀（Mark Esper）都来到了慕尼黑，出人意料的是众议院议长南希·佩洛西（Nancy Pelosi）也来了，主要是为了向中国和华为猛烈开火。和洛特根一样，此次采取行动的压力如此巨大，以至于佩洛西不得不抛出了诸多她无法证明的论据。世界上没有任何一家法院，甚至没有一家美国法院曾因为窃取知识产权给华为定罪——即便西方有巨大的政治利益去做类似操弄。

佩洛西关于5G论战的言论"如此尖锐，以至于欧洲人通常会将之归到特朗普政府的名下。"《商报》如是写道。这不仅是个新趋势，同时也再度证明，美国面临中国崛起时感受到的压力之大，是多么不可思议。这种压力也能在国防部长埃斯珀身上看出：如果欧洲无法理解来自华为的威胁，也不做出任何应对，"最终就会威胁到史上最有成就的军事联盟——北约"。

中国人开始反击。外交部长王毅反驳，美国人的攻击通篇谎言，美国人只是想要遏制中国的成功崛起。这是不公平的。"中国有发展的权利。"中国著名的善于言辞的女外交家傅莹也发声驳斥。作为全国人大常委会外事工作委员会副主任委员的傅莹指出，中国自改革开放以来"引入了各种各样的西方技术，却依旧保持了自己的政治制度"。她认为，相信5G技术能改变西方的政治体制的念头是"荒谬"的，她还说："您真的认为民主制度是如此脆弱，会被华为这区区一家高科技公司威胁到吗？"

原本既想与中国人又想与美国人达成和解的德国工业联合会主席肯普，在慕安会上明显采取了针对美国的立场。美国人的行事差不多就是这一原则："我的敌人就必须是我朋友的敌人。"但这不是他肯普的哲学，"这和我们欧洲基于规则的自由世界贸易的理念相矛盾。""德国工业界对于在政治和科技上围堵中国，甚至同中国脱钩不感兴趣。中国、德国和欧盟在创造未来上有着共同的利益。"他说。

甚至连基民盟党籍的联邦议会议长沃尔夫冈·朔伊布勒，在目睹美国毫不遮掩的施压时也无法站到美国人那一边。"只有多样性才能确保自由，"朔伊布勒强调，"而不是垄断。"因此，欧洲必须独立，并构建既不同于华为又不同于硅谷的另一种选择。他并没有要求排斥华为。

第四章　全球掀起5G风波

联邦总统弗兰克－瓦尔特·施泰因迈尔（Frank-Walter Steinmeier）和默克尔一样，尝试促成"抵抗派"与"融入派"的和解。西方先前理所当然的"我们"，显然在今天已经不再是那样的不言自明。"中国确实已经在其令人印象深刻的崛起过程中，已成为国际机制的重要参与者，要捍卫全球公共福祉，不能缺少中国。"而传统盟友美国"在当前政府统治下甚至否定了国际共同体的理念。好像'各人自扫门前雪'已然成了国际政治一般"。美国的"'再次伟大'在必要时不惜以牺牲邻国和盟友为代价。在特朗普之前与之后均是如此"。这种思维比重回过去更加危险，"因为它剥夺了我们在这个紧密相连的世界中的未来。它损害了我们解答真正宏大的人类之问时所需要的机制与工具"。对美国而言，欧洲不再像往日那样重要。"我们必须避免那种幻想，认为美国对欧洲兴趣的衰退只应当归咎于当前的美国政府。美国利益的全新重心，或者我应当说，美国挑战的全新重心，是亚洲。"施泰因迈尔在慕安会上以不同寻常的清晰言辞这样说道。而这一切也与那家将世界分化成两极的深圳公司息息相关。

德国的妥协

自第二次世界大战结束至今，欧洲和美国，尤其是美国和德国还从未像今天这样貌合神离，这本身就是历史的讽刺。在华为问题上对德国的过度施压，让德国政界团结起来反对特朗普，同时也为默克尔创造了贯彻政治解决方案的空间。而这恰恰是特朗普竭力反对的方案：所有供应商都必须接受联邦信息技术安全局的严格审查,并制定一部新的安全法律确立需要审查的范畴清单。监管机构将会扩建,不过,"抵抗派"也已经达成了部分目标:在技术审查之外,联邦政府还必须进行政治信任审查,由联邦总理府和三个相关的政府部门(外交部、内政部和经济部)共同参与。他们能够一票否决,不过令人惊讶的是,他们甚至可以在技术安全局专业技术评估报告出炉前就行使其否决权。

默克尔的妥协让围绕华为的权力斗争越来越深入官僚体系的办公室,这被德国官僚们简化为两个概念:"保留许可权"(Genehmigungsvorbehalt)和"保留否决权"(Untersagungsvorbehalt)。社民党想要"保留许可权",即只要有一个部委不发许可,就应当将一家公司排除在外。而基民盟则想要"保留否决权",也就是只有当三个部委一致否决时,才能排斥一家公司。最终,基民盟成功了。"针对华为的起事结束了。"《世界报》在2020年2月如此写道。"联盟党党团不会将华为排除在5G建设之外。"《时代周刊》报道,其说法与《法兰克福汇报》几乎如出一辙。《商报》的标题则是:"联盟党内的华为反对者尚未放弃"。情况或许真是如此,但已经没有人在意。

唐纳德·特朗普多么在意这一结果,并将之视为自己的失败,看一看2020年夏天便知。这位美国总统在7月30日出人意料地宣布将从德国撤走1.2万名美军。对于美军驻扎的德国地区而言,这是经济上的巨大打击。虽然特朗普的决定对德国产生了影响,但德国在华为问题上迎合美国的意愿却仍在不断下降。

甚至在同年年底前,联邦政府内阁就向议会提出了一份相应的立法草案,在2021年初由各个专家委员会进行审读,4月在联邦议会表决[1]。2021年1月，诺贝特·洛特根在基民盟党首竞选中，第一轮投票就以巨大劣势败北。在第二轮投票中，默克尔的亲信阿明·拉舍特（Armin Laschet）战胜了弗里德里希·默尔茨。华为问题这一张洛特根的最大王牌，到头来终究也没有帮上他的忙。

欧洲的态度

然而，权力斗争在欧洲层面依旧是如火如荼。

欧盟起初跟随默克尔的立场，但其决定对于每一个成员国并没有约束力。法国总统埃马纽埃尔·马克龙希望"不对任何一家通信设备制造商和任何一个国家污名化"。而华为要在法国建造工厂的意愿，在当时也是尽人皆知。这将是华为第一座海外工厂，公司将投资两亿欧元，雇用500名员工生产移动网络基站。这是第一家来自深圳并在欧洲建厂生产的公司。2021年，工厂破土动工。

相反，英国首相鲍里斯·约翰逊则决定，不仅要按照脱欧公投的结果离开欧盟，更要将华为拒之门外。不过，如果仔细地看就会发现，他的决定实际上也同样是个妥协：2020年9月起不再采购华为产品，但直到2027年才不能再安装华为组件。7年对于这个行业是相当长的一段时间。"其间还有两场大选，"一位沃达

---

1. 该项法案即《信息技术体系安全性提升第二法案》（*Zweites Gesetz zur Erhöhung der Sicherheit informationstechnischer Systeme*），又称"IT安全法2.0"，已于2021年5月18日通过议会表决。——译者注

深圳

丰的高级经理人这样评价约翰逊的决定,"我们将会及时向电信客户和选民报告这样做的代价。到时就看政治家如何回应了。"

丹麦也走了一条类似的道路,比利时也是。瑞典紧随其后,不用华为设备,但从 2025 年开始。令人惊讶的是,爱立信董事会主席鲍毅康(Börje Ekholm)竟然对这一决定不买账。这不仅是因为中国仍是爱立信最重要的增量市场,还因为鲍毅康之前曾警告,切勿低估中国在通信技术领域的领先程度。可现在,"欧洲在发展中落后"的风险就更大了。同时还是中国网络巨头阿里巴巴监事会成员的鲍毅康表示,爱立信需要当地中国专家的专业知识。

这也是挪威最大的移动网络运营商挪威电信(Telenor)希望继续与华为保持合作的缘由。"同华为的合作让我们非常满意。"挪威电信集团首席执行官西格夫·布雷克(Sigve Brekke)说。

到了 2020 年 11 月,瑞典发生了一桩出人意料的事情。瑞典行政法院宣布监管机构排除华为的决定暂停生效,以使华为能够通过法律途径上诉。这是第一次有欧洲法院做出类似判决。随后,监管机构不得不叫停了对华为 5G 波段使用许可证的拍卖。上级法院虽然判令拍卖可以进行,却绝口不提将华为排斥在外是否合法。截至 2021 年,华为的诉讼依旧在瑞典法院悬而未决。

在欧洲之外,主要是澳大利亚和新西兰拒绝使用华为的 5G 技术。在新加坡,华为只获得了受限准入。印度尚未决定。2021 年初,几大电信设备商的世界市场份额如下:华为(中国)31%,诺基亚(芬兰)15%,爱立信(瑞典)15%,中兴(中国)9%,思科(美国)6%,三星(韩国)3%。

第四章 全球掀起5G风波

全球霸权国家美国向全世界发出挑战，想要检验一下自己的实力。结论是：美国只能部分地贯彻其利益。而这一事件也促使欧洲那些引领行业的电信企业联合起来，一道寻找避免在未来成为政治论战之玩物的方法。2021年1月，德国电信、法国橙色电信（Orange）、西班牙Telefónica电信和沃达丰共同宣布，将资助研制6G技术。新技术的组件将不再来自单一供应商，而应当像乐高积木一样，可由多个不同供应商任意搭配而成。其背后的理念是建立在开源节点上的制造商中立的网络。人们称之为"开放式无线接入网"（Open-RAN），其中的软硬件组成部分相互独立，在升级时不再需要更换整套基础设备，而是只需升级软件即可。而移动通信技术的新供应商也可以由此获得加入网络建设的机会。

但问题在于这一倡议是否能够真正落地。这是因为开放式无线接入网有两大弱点：一是需要高度的国际标准化，这在当今时代难以实现；二是这一领域缺乏有实力的欧洲玩家。相关技术主要来源于新老两代领头羊，即美国和中国，这样风险很大。即便联邦总理相信这个倡议，但目前看来，开放式无线接入网取代5G的可能性还是很小。

然而，本来也只有那些专家才会对上述尝试有所耳闻。一场关于我们在欧洲应当如何应对新技术的建设性讨论，自始至终都未曾出现。这也验证了柏林社会学家沃尔夫冈·英格勒（Wolfgang Engler）在其新书《开放社会及其边界》（*Die offene Gesellschaft und ihre Grenze*）中的警告。在他看来，那些"构成开放社会实质"的东西已经岌岌可危："精神开放、没有顾忌的交流、愿意相互倾听、预设对方意图诚恳。倘若以上诸项均不再可行，那么我们眼下亟需的自由空间，便会关上大门。"单是声称中国的情况更糟，并不能帮助在欧洲的我们实现自我革新。具体而言，我们对创新缺乏兴趣，本应将新技术用于普遍福祉而不追问开发者究竟是谁。相比起试图阻碍创新，或许更有意义的是讨论人们应当如何使创新契合自身的价值观，甚至是进一步发展创新。

而也许有意义的第二个步骤，是将全新的发展标准再反馈给中国，完全可以以说服中国接纳我们理念为目的，使之遵照"择优"模式，毕竟我们无法迫使他们接受。

这是关于华为的讨论中最让人遗憾的地方，也暴露了欧洲社会在话语上的弱点。用不太严谨的话说，要平衡"妖魔化"与"利益最大化"时，我们欧洲人总是太过于倾向妖魔化。这不是中国的过错，而是我们自身的问题。因为在谷歌等一系列事件上，我们就曾太过怯懦，而没有选择直面攫取数据的"海怪"。清醒的认识应当是：若要实现真正的进步，我们的社会还远不够开放。

渴望创新

无论如何，当特朗普于 2021 年初离任时，他给华为留下的创伤仍然清晰可见，即便这些伤痕并不像他期待的那样深。特朗普迫使任正非将他原本归置在"荣耀"品牌下的平价智能手机业务出售给了由 30 家深圳经销商组成的联合财团。由于制裁，华

第四章　全球掀起5G风波

为没有足够的芯片存量。荣耀销售额一度超过百亿美元，占华为销售手机总量的三分之一。如此一来，华为在2020年上半年短暂占据过的智能手机领域的全球市场领先地位，就这样一去不复返了。现在的龙头是三星，全球市场占有率达22%，排名第二的是苹果（15%），然后才是华为（14%）。单是在欧洲，华为的销量就暴跌20%。但与此同时，深圳却是世界上第一个实现5G网络全覆盖的城市，韩国首都首尔紧随其后。2021年初，中国已经拥有1.5亿5G用户。

2021年初最大的疑问是：特朗普的继任者乔·拜登是否会延续美国企业向华为供货的禁令？在华为，人们为最坏的情况做好了准备。5G芯片储量够用两年，而2021年底，任正非还要在上海开建第一家华为自己的20纳米芯片工厂，用于生产5G技术所需芯片。如果这一计划成功，特朗普就帮了自己一个倒忙：他迫使这家深圳公司以比计划更快的速度更加独立于西方世界。中国人就是这样巧妙地对付德国的汽车行业的。他们将之引入自己的市场，允许其积累其巨额的销量，以至于竟开始依赖中国市场。于是北京只需要给中国市场确立规则，就可以对世界的游戏规则产生重大影响。

然而，当我在深圳和任正非谈起他同美国的关系时，还是能看出他对事态的发展感到错愕。"我们就没有预计到这场碰撞会如此严峻，甚至导致了一国的国家机器与一家企业间的冲突。我不曾预料到这场冲突的激烈程度。"这是个失误。走下坡路的人永远比走上坡路的人更加危险，因为他们是输家，必须孤注一掷。

而任正非之所以会误判,部分原因是美国曾经是他的榜样,甚至今天在很多领域依旧如此。"即便是今天,我仍然像年轻时那样钦佩美国。"他接着讲述的故事叫人难以置信:还在"文化大革命"时期,解放军的一个代表团曾访问美国最富传奇色彩的西点军校(West Point),这可是美国将官的摇篮。访问或许是在毛泽东与尼克松于1972年会面之后举行的,但依旧足够令人惊讶,尤其是中国军队的机关报《解放军报》之后还长篇报道了此次访美。"我现在还记得自己当时有多么痴迷于这所军校的领导风格。"任正非回忆说。其影响一直延续到他在深圳创立公司的时期。

"也就是命令与服从?"我问道。"不对,在公司里不能像在军事机构里那样严格。"真正吸引他的是,专家的专业知识在那里能够如此有效地得到执行,以及投身某项工作的无条件的决心。任正非要等到1992年才第一次踏上科技的应许之地,这也是他第一次出国旅行。"在改革开放之前,"任正非讲述说,"我们还以为全世界有四分之三的人在挨饿,还以为我们得去拯救他们。等到中国打开国门,我们才发现原来穷苦的是我们自己。"

第一次美国之行,是什么给任正非留下最深的印象?

他不假思索地回答:"是对创新的渴望,以及对创新激情的引导。"他还记得当时一篇杂志文章的标题——《不眠的硅谷》,文章写的是硅谷的人们是多么夜以继日地工作,必要时甚至在自家车库里捣鼓。"我心里明白:如果我们要从生产廉价商品的工厂升级为制造高端产品的企业,就必须像他们一样努力工作,像他们一样持之以恒地关注创新。"

第四章　全球掀起5G风波

那他今天还是这样想的吗？

"我相信，攻击只是暂时的。"他彬彬有礼地说。中国和美国将会在"科技的喜马拉雅山脉"继续攀登下一座世界最高峰："美国带着咖啡、罐头……在爬南坡，我们带着干粮爬北坡。"他自己描绘起这幅场景，不由得也笑了起来。当他们最终在山顶相遇时，不会相互争斗，而是"相互拥抱，共同庆祝我们并肩在信息化的世界中取得的成就"。

世界政治成了华德福（Waldorf）[1]幼儿园。难道不是有些幼稚吗？

"我不相信特朗普身边的这些政客能代表得了美国。"他说，"因此，我对美国的印象并没有改变，也不恨这些政客。为什么要恨呢？就因为他们公开诋毁华为？他们只不过是在鞭策我们要更努力地工作。这对我们是大好事。没有这种外部的压力，就没有那么高涨的动力继续前进。"

2020年12月，尚在拜登入主白宫前，孟晚舟一案看似也有了进展。《华尔街日报》报道说，这位华为的首席财务官的代理人正在和美国司法部谈判，试图达成部分认罪协议，使其能够返回中国。不过在3月前，双方在这一问题上尚未有实质突破。即便是在拜登宣誓就职后，情况暂时也没有什么改变。

到目前为止，拜登还未公开点过华为的名。不过，他的商务部长吉娜·雷蒙多（Gina Raimondo）却表示，她"并无理由"将

---

[1] 华德福学校始建于1911年的德国斯图加特，注重学生创意能力的开发。——译者注

华为及其他中国公司从实体清单上移除。3月中旬，美国政府的管制措施甚至有小幅增强。同时，雷蒙多也暗示，受制裁公司如有申诉，她也打算听一听。

任正非对此早已做好了准备。他最强的论据是：美国政治的决策并未考虑美国企业的利益。他因此怀疑华盛顿是否能够长期坚持这一战略。他指出，美国公司也需要产品销售的新市场。而且："如果美国不往中国卖产品，那么中国就将被迫自己生产，于是美国便会继续丧失其影响力。政治家很有可能不太懂技术，但美国公司将会确保他们听明白。"

任正非觉得，他手下的员工，尤其是青年人，也会和他一样看待西方，但同时认为，中国也有自己的价值观可以与人分享。"他们认同西方的方式方法和处世之道。这是全人类共有的价值。但我们也有一些价值，可以与人分享。"

特朗普的攻击将华为公司再度凝聚到了一起。在此之前，华为就是"一盘散沙"。"公司已经大到难以管理，因此正处于一个摇摇欲坠的不稳固状态。所以我得感谢特朗普，给我们公司提供了新的力量。"任正非边笑边说。这是满意的，也有些挑事的笑容。不过现在，他得着手和下一位美国总统打交道。在中国春节之后，任正非尝试着迈出了接触的第一步：他在记者会上表示，希望能和拜登总统对话。他认为，从禁售名单中移除华为，"虽然极不现实，但毕竟不是没有可能的"。因为开放的贸易政策可以同时增强美洲与亚洲两大洲的经济实力。他对我说："我坚信拜登会比特朗普更多地考虑到美国的芯片制造商和其他美国企业，华为禁令让它们损失了数十亿美元。"

第四章　全球掀起5G风波

"华为的智能手机是爱国产品吗？"我在访谈临近结束时问任正非。

"我的孩子们更喜欢用苹果的产品。这说明他们不爱华为吗？当然不是。"他总是提自己孩子对苹果的热衷，以至于华为消费者业务 CEO 余承东甚至颇有微词。然而："我们不能简单地说，用华为就是爱国，不用华为就是没有爱国心。我们的产品说到底就是商品。人们只有喜欢才会去用。"应当抛开政治来看，毕竟华为只是一家企业。"我们也从来没有在广告中说，华为曾为中国的民族自豪做出过什么贡献。除此之外，在这个紧密相连的世界中，谁也不能孤立地创新，"他沉思了一会儿后说，"孤立就会失败。我们只有携起手来，才能推动人类文明不断向前。"

我们的谈话结束了。当我起身向外走时，才真正理解任正非这位最著名的深圳人的所思所想。我们共同走下宽敞的大理石台阶，走过女像柱，及其巴洛克式的金色沙发椅，走过《滑铁卢》的画卷，走过那尊戴着红色大圆帽、跷着腿坐在沙发上的"青年风格"的女子塑像。我们还谈论着华为在深圳与东莞交界处建设的新总部。它刚刚竣工，我几天前才去参观过。一位日本设计师仿造了不少重要的欧洲建筑，其中一些看上去确实能够以假乱真，让我不由自主地问自己是否还清醒着。

任正非希望他的员工能在透着忙碌的玻璃外墙之外，有一处"安静的地方"。建筑师或许激发了任正非的游戏冲动——他眨着眼不怀好意地笑着问道：我们是不是仿造一些欧洲最重要的建筑？没问题，咱们就这么办。海德堡城堡，凡尔赛宫的一部分，格拉纳达的建筑，牛津，布鲁日，维罗纳和伏尔塔瓦河？

好主意。就在这块 3.2 平方千米的土地上。大小正合适。中间再仿造那座连接朝韩的和平之桥?为什么不呢。可这就不是欧洲了吧。无所谓,只要这里能容纳得了 25 000 位员工。还得有一趟火车穿过,要红色的车皮,像瑞士那样。1∶1 的铁路模型,不管怎么说也有 8 千米长。指示牌也完全是瑞士的:一块站台标志上写着:"F 区——前往巴黎"。这段铁路"几乎散发着少女峰列车(Jungfraubahn)的魅力",连一贯冷静的瑞士《新苏黎世报》也不禁为之倾慕。少女峰列车经过瑞士山景的三颗明珠:艾格峰(Eiger)、莫希峰(Mönch)和少女峰(Jungfrau)。中间再添上一座英式花园,松山湖畔的"牛角"园区就完成了。再引用《新苏黎世报》的说法:这里就是"中国的哈利·波特们上学的地方"。

这个"游乐场"花费了 14.5 亿美元。我猜,用这笔钱大概能请全世界最好的 50 位设计师设计他们的梦想建筑,并创造一份能够流传百年的现代建筑艺术经典文献,或者别的什么建筑,至少能比这座最高水准的迪士尼乐园存在得更长久一些。但这大概是典型的德国式思维。任正非更愿意谈论园区周围的 3 万套员工公寓,租金连市场价的一半都不到。

"为什么偏偏要模仿欧洲?"我追问道。

"因为欧式建筑能够散发出宁静与美丽。这是科研与研发最理想的环境。"任正非说。华为正是从西方文化的优点与进步之处汲取养分,"难道我们的企业文化最终不是很接近新教伦理吗?"在我们走下楼梯时,他狡黠地反问。

到了楼下,任正非一时兴起,打开了隔壁大厅的门,我一句话都说不出来。我们刚刚把希腊和拿破仑留在身后,就踏入了四川省的一座小村庄,头上是巨大的玻璃穹顶。一座非常真实的村落,有着古老而厚重的铺路石,一条潺潺流过的小溪,一座木桥,有些年头的石屋,参天大树,茂密的香蕉树林和一片小菜园,其中真有一位戴着草帽的农夫在清理杂草。甚至连气味也是田间地头的味道。

"美吧?"任正非神采奕奕地说。

我不由自主地想到了长袜子皮皮(Pipi Langstrumpf)的童话:"我有一座小屋,一座七彩小屋……我给自己造世界,造我喜欢的世界……谁喜欢我们,就学会我们的口诀。"

第五章

享受机器人的服务

> 所有的机器都会和我们对话。而我们也会和所有的机器对话。
>
> ——刘庆峰,科大讯飞创始人

一大清早,太阳已经升起,机群缓缓地飞过信兴广场。6架无人机按照预定轨道迎着微风飞行,各自间距不曾改变分毫。这是6台八旋翼无人机,背后是深圳的地王大厦,有两根高耸的白色天线,楼身中间涂抹着一缕红色。这一场景让我想到了一部现代的阿尔弗雷德·希区柯克(Alfred Hitchcock)电影,只不过无人机取代了群鸟[1]。

后来我才知道这些无人机的型号:"农业植保机"(Agras MG-1S)。其名字就意味着研发它们的目的:用于给农田喷洒防治病虫害的农药。但是在2020年春天,中国的无人机是在为广

---

[1] 阿尔弗雷德·希区柯克(1899—1980),英国著名导演,以惊悚悬疑片著称,代表作是1963年上映的电影《群鸟》(*The Birds*)。——译者注

场、火车站和地铁站消毒。操控它们的人们穿着白色防护服，戴着口罩和有机玻璃护目镜，黄色的镜腿像是在散射着圣人头顶的光晕。

这一幕看着恐怖：6架直径有六人餐桌那么宽的无人机，几乎同时降落在空无一人的广场上。一架顶配无人机售价1.5万美元。在深圳，单是这一型号的无人机就负责了300万平方米场所的消毒工作，在全国则高达6亿平方米。其竞争对手极飞科技（XAG）的无人机甚至完成了9亿平方米的消毒任务。

正是要感谢无人机技术，病毒在深圳几乎无机可乘。这座大都市是世界无人机制造之都，还有哪座城市能取代这一地位呢？全深圳共有接近360家无人机公司，包括全球最大的生产厂商：大疆创新科技有限公司，更著名的是其缩写DJI。大疆一家公司就提供了全球市场超过70%的无人机，在其他无人航空器的市场上也占有了60%的份额。

镜头一转：中国，乡村。一架无人机发现了一位没戴口罩的上了年纪的妇女。画外音："阿姨，无人机正朝你说话呢。"穿着粉色长裤和紫色针织衫的女人惊诧地转过身，抬起头来看。"阿姨啊，不能不戴口罩就出门啊。最好还是回家吧。"女人一开始不自然地笑了两下，随后惊恐地跑开了。无人机追着她："别忘了回家洗手。"女人总是在转头。"我们和大伙儿说了，要居家。可你们总是到处乱跑。"无人机里的声音有些恼怒地说。

镜头切换。一个十字路口："你好，这位美女，"一架无人机中传出一个女性的声音，"对，就你。你在那儿吃东西，不戴口罩。赶快戴上口罩回家吃去。别愣站着。"

光这一小段视频，就在网上被转发了数百万次，甚至连《环球时报》等官媒也做了报道。因为即便是中国人也觉得会说话的无人机相当诡异，尽管它们很快便会出现在日常生活当中。遭人反感的还有一点：根本不知道是谁又是在哪里操控着无人机，又是谁在讲话，不知道是政府部门还是一个喜欢搞恶作剧的小丑。甚至在欢迎科技的中国，这种新科技的运用也有其边界。

除了无人机，本章还将讨论其他的"辅助系统"，也就是帮助我们、给我们提供更多自由的机器人。它们让我们能够聚焦于更重要的问题，甚至是更无关紧要的事务。例如，替我们做饭，或是在医院辅助医生诊断的机器人。我们也将讨论辅助大企业集团的中国中型公司。这些大企业在德国黑森林的子公司，现在也需要适应这一全新的创新驱动。我们还将讨论能够与我们对话、能够理解我们的机械，无论我们说的是何种语言、何种方言。它们将语言识别与人工智能紧密地结合在一起，叫我们根本分辨不清自己究竟是在和机器还是在和人对话。

深圳造就了许多类似的科技成果，但它们在国际上都曾或多或少地引起过争议。一些人觉得这些技术是科技进步的信使，值得欢迎；另一些人则视之为中国崛起令人不安的征兆。即便是新冠肺炎疫情，也无法减缓中国崛起的步伐。事实恰恰相反，正是疫情为上述创新提供了没有预期到的推动力。

飞向世界？

中国的无人机也造成了西方世界的分裂。当美国政府如今拒

深圳

绝使用中国无人机时——美国内政部已经停飞了部内的800架无人机,西班牙却在新冠肺炎疫情期间首次使用无人机进行喷洒作业,先是在科尔多巴为广场消毒。现在,西班牙军队也开始使用无人机进行跟踪监控。2020年3月末,西班牙成为第一个使用深圳制造的无人机的欧洲国家。地面上的无人机操控员戴着西班牙应急救援部队(UME)的黄色贝雷帽。法国和比利时紧随其后。它们同样使用深圳产的无人机进行监控或是广播。

无人机领域的巨大需求造就了全球最大制造商的快速崛起,而这一进程甚至早在疫情出现之前就已经开启。来自深圳的大疆公司以"未来无所不能"为宣传语,在2017年就实现了接近30亿美元的销售额,相较2016年几乎翻了一番。自此之后,公司就对销售额一直保持沉默。

大疆公司的创始人汪滔留着一撮小胡子,戴着一副方形的黑框眼镜,头顶是法式平顶帽,挂着略带嘲弄的笑容,在任何一家柏林的特色咖啡馆都会被当作来自中国的嬉皮士。但事实上,这位出生于杭州的40多岁的深圳人,却是有着几十亿美元身家的全球无人机大亨,他的故事里也有许多深圳元素。当他还在香港科技大学求学时,就曾因为在科研项目中开发了一款相当成熟的直升机操控系统,而引起了一位数学教授的注意。这样一个早就对该领域有着清晰兴趣的人,自然而然就会前往深圳,踏入硬件的前沿,看看还能干出些什么名堂。2006年,汪滔成立了一家小公司。剩下的都记载在了历史里。今天,大疆共有接近1.5万名员工。根据德国《商报》(*Handelsblatt*)的测算,大疆的市场估值在2020年达到150亿美元,而汪滔持有45%的股份。

汪滔领导公司的方式和其他科技企业家不太一样。他对企业文化不感兴趣，也对扁平化结构和团队合作并不感冒。直到今天，他真正在意的也只有产品，而把剩下的一切都交给他的员工。他的粉丝为此非常感谢他。即便是在美国，他也占据了私人无人机市场 70% 的份额。他最强劲的竞争对手英特尔（Intel）只占 4%，而在汪滔从深圳崭露头角前曾引领市场的 GoPro，如今的份额只剩下可怜的 2%。

在公司成立后仅仅过了 3 年，汪滔的无人机就已经优秀得能够环绕珠穆朗玛峰。2015 年，依靠在深圳设计生产如今已成传奇的"幻影 3"型无人机，汪滔终于打开了市场。决定性的因素在于，汪滔成功地在无人机上安装了摄像机，可以向操纵器的屏幕传回实时画面，而且售价极低。在那之前，"民用"无人机更多的是给那些愿意为兴趣花大钱的发烧友的。而大疆则将无人机打造成人人都能买得起的大众商品。5 年之内，汪滔就征服了世界。现在，他还提供配有虚拟现实眼镜的无人机，使用户能够从空中鸟瞰整个世界。

但汪滔早就为自己的公司发现了一块崭新的专业领域：无人机测绘。2020 年夏，这家深圳公司将此项技术提升到了全新的发展阶段：他们上市的新软件比旧款强大 400 倍，可以说实现了自我超越。这款软件通过无人机飞行采集的信息实现 3D 建模，其科技既可用于军事，又可以民用，还可以实施监控；或是用于建筑行业，如为跨越山谷的大桥建模；抑或是用于农业，如通过 3D 模型远程操控拖拉机或其他农用机械。整套软件只需要 12GB 的存储空间，就能将 2.2 万幅图片转化为 3D 模型。

深圳

公司正好用得上这项重要成果,因为和其他成功的深圳公司一样,大疆也陷入了中美对抗之间。2019年10月,美国内政部停飞了旗下拥有800架大疆无人机的机队。2020年夏,美国新出台的《国防授权法案》禁止所有政府部门使用包含外国零部件的无人机。不能允许"用纳税人的钱购买产品,以支持中国在这一关键市场上近乎垄断的地位,进而成为对国家安全的威胁。"共和党籍国会议员麦克·加拉格尔(Nike Gallagher)声称。他曾是美国海军军官,重点关注国家安全问题。加拉格尔还说:"这部法案保护美国利益,保护我们的社区和我们的国家安全供应链。"

大疆严正抗议:"用户完全可以掌控是否将其图片、视频和飞行轨迹与他人共享。我们支持适用于整个无人机行业的全球安全标准,这将为所有无人机用户提供保护和信任。"发言人表示。不过,美国至少还没有禁止个人使用大疆无人机,但与一家美国竞争公司的专利权纠纷却导致大疆不能再销售其无人机产品。

通过《国防授权法案》,美国总统特朗普在无人机问题上也继续贯彻着他的路线:只要中国人在某个领域的技术比美国更加先进,就被美国一禁了之。这样一来,无人机也成了世界政治中的祸端之一。新总统拜登将会如何处理这个问题,值得期待。即便他早就不坚持"美国优先",但他毕竟也想要促使美国工业重新具备竞争力。但这是否意味着工业应当向来自主要竞争对手中国的科技开放,依旧需要观望,尤其是中国在这个领域已将其追赶者远远地甩在了身后。

在2020年的德国,无人机只不过是个边缘现象,没有太多的讨论。大多数人还都不知道无人机能够扮演怎样的角色,特别

第五章 享受机器人的服务

是在疫情之中。帕特里克·森斯堡（Patrik Sensburg）是行政法教授，也是基民盟党籍的德国联邦议会议员。他是少数对此问题发声的人。森斯堡曾经是联邦议会国安局事件调查委员会主席，该委员会的任务是明确美国国安局窃听德国政要的范围和背后的动机。"吹哨人"爱德华·斯诺登（Edward Snowden）揭露了这一系列窃听。

"我更大的担忧是无人机被各国政府用来监视其公民，而不是中国无人机的间谍活动。"森斯堡对《每日镜报》表示。需要当心我们的基本权利被侵入人们私人空间的无人机侵犯。此外，"让无人机在公共场所飞行在人们的头顶上方，是很危险的。"

而德国两大警察工会却欢迎无人机的使用。无人机能够替代人手短缺的警方在各个角落执勤。事实上，第一批联邦州已经在2020年春天测试无人机技术。在北威州的多特蒙德和杜塞尔多夫，警察已经开始使用无人机，"也为了收集由不遵守社交禁令而导致的健康危险的信息，"一位州内政部发言人证实说，"在较受欢迎的聚会地点，安装于无人机内的扬声器将会要求小规模聚集的人群离开。"动用无人机的效果是积极的。巴伐利亚则在第一次封城时，出动无人机飞行在边境前排成长龙的汽车车顶。连柏林也有两架用于测试目的的无人机。然而，尽管联邦内政部已经成立了一个无人机顾问委员会，这一话题依旧没能很快进入政治与公众的视野。借助无人机应对疫情的机会，就这样被错过了。

在欧洲，要数法国积累的无人机应用经验最多。"无人机不能取代警察，却能够帮助我们收集信息。"巴黎警察局发言人迪迪尔·拉勒曼（Didier Lallement）表示。产自深圳的无人机盘旋在巴黎、尼斯和其他法国城市的大街与广场上空，主要是为了监督居家令的执行情况。"请您注意安全距离！"或者"请您只在绝对必要时离开住处"，从无人机的扬声器中传来这样的广播消息。

随着"新冠之年"2020年的退役，英国和意大利也开始使用无人机，在亚洲则有印度、印尼和马来西亚等国家。不过在英国，警察对无人机的使用遭到了当地媒体的严厉批判，因为警方公开了无人机拍摄的画面，可以清晰地看到画面上的行人。虽然这些画面被打上了"非关键"的标签，但在媒体看来，这依旧是对隐私的侵犯。被认出来的人们就被钉上了"封城耻辱柱"。但伦敦警察局反驳说，他们必须完成其使命，执行封城措施。谁要是反复被抓到"非必要"出行，就可能遭到最高1 000英镑的罚款。

2021年2月初，德国政府也无法继续避谈无人机的话题，而决定起草一份相应的法律草案。政府之所以这样做，其实还是为了落实欧盟在2020年末实施的规范。"无人机能够长距离、快速且有效地运输药品、器材或包裹"，基社盟（CSU）党籍的联邦交通部长安德烈亚斯·朔伊尔（Andreas Scheuer）如此向德国人指明未来。他能够设想，无人机有朝一日能在德国"为农村和交通不便之地提供保障，支持救援力量，或者用于灾难防护和农业生产"。但为此需要制定规则。"通过这部立法草案，我们使创新和新的商业领域得以成为可能；同时，我们还为民众、空域和自然确立了较高的安全水平。"朔伊尔表示。

在确保高水准的安全保障下，应当允许正常使用无人机用于转送救命药物等方面。自2021年1月1日起，每一架质量超过

250克的无人机都需要申请不同级别的飞行证。由德国飞行保险和德国电信合资成立的Droniq公司，已在2020年开发了一套无人飞行器交通管理系统（UTM）。这套系统在复合的空中状况图像中展示了有人驾驶航空器和无人驾驶航空器的交通轨迹，但中国人早已有了类似的系统。5G系统起了很大作用。不过在这里，也是疫情才使人对利用无人机有了"更深入的理解"，深圳科比特航空科技有限公司董事长卢致辉表示。要监督防疫隔离措施的执行情况，他们公司的产品是一个十分理想的选择，因为他们的无人机装配有热成像摄像机，相机有40倍变焦，打光也很强大。

2019年，科比特公司共生产了2 000架无人机；一年后，产量就增长到超过5 000架。每架无人机每小时可以监管10平方千米的城市区域。若是换成警察，一般需要上百人的警力和多辆警车。单是计算警方的需求，就让卢致辉两眼放光。公司还关注环境：科比特甚至还在研发一款氢能无人机，能够在空中停留四个半小时。此外还有可当闲暇时的玩具的无人机。在飞行无人机之外，四轮无人车也很有前景。

机器人——危机中可独当一面的好帮手

中国疫情防控的英雄，不仅是医生和护士，还包括像张戈这样的人。他是一位来自深圳的计算机工程师。我在南山区维用科技大厦301会议室见到了他，同他谈起了过去的几个月。

在武汉的经历一直停留在张戈的脑海中。他是2020年2月中旬受机器人公司普渡科技委托，前往与外界隔绝的武汉的20

位工程师之一。就在疫情暴发的中心,来自深圳的工程师们要为机器人编程,让它们能在武汉的医院中投入使用。曾经在武汉上大学的张戈起初非要参加不可,但很快他就到了自己的心理极限。"情况很糟糕。"他说,"我很害怕。防护服让我不停地出汗。"汗出得越多,护目镜就越起雾。"终于,我什么也看不见了,只能取下护目镜。可一摘下眼镜,我就更加害怕。"他为一个机器人编程需要花上4个小时。"在深圳只要一个小时就够了。"

当时,张戈常常工作到凌晨,然后就回不了酒店了。于是,他干脆在工作地点打了个地铺。只有这样,作为一家初创企业的普渡科技,才能为武汉全市众多医院提供机器人以服务感染新冠肺炎的患者。本来,普渡"欢乐送"机器人是用于减轻餐厅服务员的工作压力的,"欢乐送"每天可以向指定目的地传送300个至400个餐盘,误差仅以厘米计。张戈当时的工作是为机器人编程,让它们能够在医院中认清方向,自动向病房配送餐食和药物,这样就能够避免健康的医护人员和已被感染的病人发生直接接触。

配送机器人"欢乐送"只是这家成立只有4年的深圳公司数量众多的产品队伍中的一员。"欢乐消"可通过喷雾和紫外线完成消毒;"贝拉"则是伴侣机器人,可以说是用来取代猫的;"葫芦"可以将物件送入大楼,而"好啦"则可以在顾客用餐完毕后回收餐盘。所有的机器人能够互相交流,并且能在同一栋大楼里相互协调,甚至不需要一台服务器。它们能够避开人类,识别手势,不仅能说话,还能理解数百句简短的句子。

疫情期间,中国有超过一百家医院用上了机器人。这些投入很值。2020年夏天,这家小小的创业公司就有了上百位员工,又获得1 500万美元的融资。最重要的投资人是来自加利福尼亚的红杉资本（Sequoia Capital），这是全球最大的投资家之一。尽管中美之间龃龉不断，但红杉还是坚信这家深圳公司的未来。

不过，普渡科技的支柱，依旧是其成立时专攻的领域，所以美国的喜来登集团（Sheraton）才成为其客户之一。在韩国，线上订餐配送公司"优雅兄弟"（Woowa Brothers）一下子就订购了5 000台机器人。而世界的交织在这里也同样延伸到了德国。"优雅兄弟"公司在2020年4月以40亿美元的价格被德国的"配送英雄"（Delivery Hero）公司收购，就是那家一分钱还没有盈利却在8月末接替Wirecard[1]被纳入德国DAX股指的公司。不过，来自柏林的创业公司"配送英雄"已在40个国家开展业务，点餐量在2020年第四季度翻了一番，达到4.23亿份，成为新冠肺炎疫情中的赢家。

鉴于这种商业关系，这些来自深圳的传菜机器人很有可能也会马上出现在德国。深圳是全球机器人行业的麦加，而中国则是全球增幅最快的机器人市场，年增长率超过20%。但如果没有深圳的创新，中国的市场也将难以为继，至少在可与人类互动的机器人领域是如此。而这个市场在国际上还有极大的扩张空间，因为全球服务型机器人市场四分之一的份额都属于中国，总额达到40亿美元。

当然，世界上还有其他地区也在研制机器人。在疫情期间，

---

1. Wirecard是德国线上支付公司，在2020年被爆出财务造假丑闻，破产退市。——译者注

最出名的可能是叫作"Spot"的黄色机器人,它看起来像是一条没有脑袋的狗,在新加坡的公园里和人交谈,如果人们相互间距离太近,就提醒他们注意社交距离。开发这条机器狗的是美国公司波士顿动力(Boston Dynamics),目前已经被日本的技术投资公司软银(Softbank)收购。"Spot"的营销广告称它是"史上最聪明的狗",单价高达7.5万美元。它有很多本事,但有一样肯定不行:让人想要抱它一下。

除了美国和日本之外,另一大机器人技术中心坐落于丹麦。UVD公司的自动行驶消毒机器人甚至出口到了中国,并在2 000余家医院中派上了用场。这家公司于2016年从丹麦的蓝海机器人公司(Blue Ocean Robotics)拆分出来,两年后就上市了第一批产品,能够进行室内紫外线杀菌消毒工作。一台机器人售价6万欧元。"我们的机器人使用复杂算法和特制传感器,为所有表面提供恰当的杀菌光量,"蓝海机器人首席执行官克劳斯·利萨格尔(Claus Risager)表示,"通过收集的数据,人们可以清晰地看到,哪些房间已经完成了灭菌消杀。"

至少在这一领域,欧洲还能部分跻身第一集团。这要归功于UVD公司。蓝海机器人公司在2020年成为世界五十大机器人企业之一。但就其发展速度与机器人应用场景而言,欧洲仍然大幅落后于中国。

"请您咨询医生或您的机器人"

中国的医师执业资格考试,竞争非常激烈。每年都有成千上万的学生为了考试埋头苦学。在 2017 年的考试中，出现了一位叫作晓医的考生，名字的意思就是"懂医学"。他在考前疯狂学习，通读了差不多 50 本医学专业书籍，看了 200 万张医学图片，至少浏览了 40 万份医学研究。努力自有回报。晓医以 456 分的高分通过考试，比分数线高了 96 分，成绩居全国前四。令人惊异的是：晓医是个机器人。

其实，应该用"她"称呼晓医。她有着女性的形象，小小的鼻子微微翘起，一双棕色的大眼睛像是日漫人物，以及一张红色的樱桃小嘴，不过没有头发，额头上只有一个摄像头，位置差不多是在印度人在额前点吉祥痣的地方，也是他们认为人的第三只能量之眼所在之处。这个机器人有可以动的手臂和手掌，下半身看上去穿着一条拖地长裙，裙下藏着轮子。当机器启动时，她圆圆的耳朵就开始发光，而眼睛则开始闪烁。她的知识是借助人工智能获得的。她不应也不能取代医生，却能够获取病人的信息并提供初诊建议。

从 2018 年春天起，晓医就和她的"同事"们一起投入日常工作。不仅是在深圳。2020 年初，当新冠肺炎疫情暴发时，每个机器人都已经能够识别 1 100 种病症，必要时每天还能提供 1.2 万份诊断和治疗建议。这些机器人女医生们尤其擅长癌症治疗，帮助更多的人尽快得到治疗，使得本来就少得可怜的人类医生能有更多的时间照料病人。现在，这些机器人已经进驻了中国数百家医院和超过 2 000 家其他医疗机构。晓医们照料着 300 万位患者，甚至参与医生培训。对于深圳和其他中国城市而言，这是莫大的优势。

但背后的公司——科大讯飞，考虑得更长远，完全遵循着其创始人刘庆峰的箴言："所有的机器都会和我们对话。而我们也会和所有的机器对话。"他倾其一生研究的大课题就是语言识别，或者更准确地说是语言智能，即语言识别和人工智能的结合。刘庆峰希望让语言智能扎根于社会的每一个领域，就像是"水和电"一样理所应当。这种想法和自动驾驶的 X 博士如出一辙。

这个男人的额头很高，戴着一副银色的方形小眼镜，穿着深色的西装、白衬衫，通常系着领带。作为创业者和企业家，他的照片都是一个样，不是 T 恤衫，也不穿运动鞋，总是一身正装。对于他的行业和他这代人而言，这很不寻常。同时，他虽然不傲慢，更谈不上自大，但好像也不怎么谦虚。他更多的是放射出一种永不知足且不容置疑的自信，充盈着整个空间，这是作为企业家先驱、中国先驱的自信："我们正在创造一个更好的未来——让全世界的交流都没有障碍。"

46 岁的刘庆峰和他这一代创业者都是科研出身，而且不觉得非去一趟欧洲或者美国学习不可。这一决定并不意味着他抬高了自己。在过去 20 年，刘庆峰和他的科大讯飞成功地成为语言识别领域的领导者。

说中文的软件

语言识别这种创新技术，中国人从一开始就身处领先位置。第一个涉足这一领域的中国人是刘庆峰的偶像——陈成钧（C. Julian Chen）。在"文化大革命"后，42 岁正值壮年的陈成钧成

第五章 享受机器人的服务

了第一批留学美国的中国学生。但在许多年前,他就已经写就了一本关于北京方言的语言学书稿。

留学美国的经历对他有很多好处。陈成钧进入了哥伦比亚大学,获得物理学博士学位,随后入职 IBM。1994 年,IBM 发明了头一批语言识别系统,而鉴于中国与世界的合作越来越紧密,IBM 也希望能将软件用于汉语。陈成钧接受了挑战,他很快就发现了中文语音识别的无穷可能。他的美国同行不理解中国人在使用键盘输入时所面临的种种困难,因此对中文识别的巨大潜力一无所知。用西式键盘打中文是很麻烦的:首先必须把汉字转写成西文字母的拼音,然后计算机会提供最可能的若干字符。要是能用语音识别,就会方便多了。

两年之后,陈成钧在中国的一场学术会议上介绍了 ViaVoice 语音输入技术。他大声朗读了报纸上的一段话,然后就像是有一双幽灵的手在输入似的,这段文字就这样出现在屏幕上。当时的现场效果就仿佛是在变魔术。随后,陈成钧又把话筒递给了现场的一位观众,观众也成功了。1997 年,第一款听得懂中文的软件开始上市。"当时,我们是唯一掌握这项技术的人。"陈成钧回忆道。

时年 26 岁的博士生刘庆峰一见到这款软件,就像是通了电似的一激灵。当时的他正在全国知名的中国科学技术大学的语音识别实验室里工作。中国科学技术大学坐落于安徽的省会合肥。刘庆峰本来想出国,但最终还是中国科学技术大学给他提供的团队和经费更吸引人。1999 年,他自立门户,国家也给了他支持。他把公司命名为科大讯飞。他遇见了李开复——今天中国互联网浪潮中最著名的人物之一。而在当时，来自中国台湾的李开复还是微软亚洲研究院的院长。李开复有些疑虑。他觉得要和美国人并驾齐驱，肯定相当困难。他自己在美国读博时，做的就是语言识别，也曾开发出第一个不依赖于说话者的语言识别系统。

然而，刘庆峰并不接受中国人只有在美国人的帮助下才能更有效地处理自己的语言的说法。"要不然，美国人就卡住了我们的脖子。"刘庆峰夸张地描绘了中国的弱势。因此，他要自己来。来自深圳的华为对他很有信心。从华为那里，刘庆峰得到了第一笔订单，也将他的一部分研发部门搬到了深圳和广州。2004年，他就实现了收支平衡。到了奥运之年——2008年，科大讯飞就在深交所上市了。

彼时的西方世界根本无法设想这家公司的潜力，但中国政府却可以。政府为刘庆峰提供资金。他最大的投资人是国企中国移动，这也是全球用户数量最多的移动通信公司，投资额占到了15%。这本来应当引起人们的注意，然而国际上大多是对刘庆峰的公司付之一笑，更多的时候干脆忽略。不过，科大讯飞的软件已经相当完善："人们可以口述文本，无论是写邮件，用搜索引擎，还是聊微信。刚开始的时候还有些磕磕绊绊，"语音识别组研究主管杜俊回忆说，"但用的人越多，软件就越好。"

刘庆峰的软件很快就能够识别20种重要的中国方言，这是一个里程碑。人们得知道，中国人虽然有统一的书写文字，却说着各式方言，不同方言之间的差别就类似德语和英语的差别。我们说的不是什么偏僻的农村地区，而是说沪语的创新之港上海，以及说粤语的深圳和其所在的大湾区。两种方言几乎是两门独立的语言,而说普通话的人几乎听不懂粤语。

此外,随着时间的推移,刘庆峰的软件还学会了4门外语。2006年,这款软件就赢下了一年一度的国际语音合成大赛(Blizzard Challenge)机器翻译项目的冠军。

当然,美国的竞争者们也没有打盹开小差。苹果的Siri(2011年)、微软的Cortana(2014年)、亚马逊的Alexa(2015年)和谷歌助手(2017年)竞相问世。但科大讯飞于2012年推出的新产品"讯飞语点",标志着中国人已经转变了研究方向,更多地关注国内的需求:将不同汉语方言实时从语音转写为文字。

2017年,科技部就已经将百度、阿里巴巴、腾讯和科大讯飞集结起来,作为研究下一代人工智能科技的第一支国家队。来自北京的百度负责研发自动驾驶汽车,来自杭州的阿里巴巴负责为"城市大脑"研发云技术,来自深圳的腾讯负责医疗应用,而知名度最低的科大讯飞则是负责语言智能。国家支持这些企业,不过却要求它们提供开放平台,允许其他企业与创业公司共同使用。

至少在中国,刘庆峰成功了。他的公司现在会和腾讯与阿里巴巴一起被人提及。而他的下一个高光时刻:2018年,刘庆峰和麻省理工的计算科学与人工智能实验室(CSAIL)签订了5年的合作协议。这可是美国人工智能研究的"圣地"。西方世界终于注意到了他。

一年之后,刘庆峰在新一轮的融资中获得了国有投资人超过4亿美元的投资。2020年初,已经有超过一百万开发者使用科大讯飞的开源平台,设计了约75万个应用,其终端用户数达到27

亿。科大讯飞还为视障和听障人士开发了软件。仅仅是科大讯飞的翻译软件，就在 200 个国家拥有近 5 亿用户。在中国、新加坡和日本，有超过 3.5 万所学校使用其智慧教育软件。新冠肺炎疫情期间，学生居家线上学习的过程又给了这些产品巨大的新动力。

当边界开始流动

但这不过是硬币的一面。语音识别记录下的一切，当然也同样可以用来监控，从而捍卫国家安全科大讯飞的软件可以按照特定的关键词检索收集到海量语言数据。当然，这一功能也很有意义，可以被视为一种预警机制，帮助决策层在问题尚小还可以轻松解决之时就发现问题。

科大讯飞的利润，有很大一部分来源于和政府部门合作的项目。例如，上海市就有一套"刑事案件智能辅助办案系统"；在西藏拉萨，科大讯飞和西藏大学共同承担科研项目，以保存并加深对藏语的理解，同时保护藏族文化。

在技术的社会应用这一问题上，政府应当起到引领作用。刘庆峰用两个概念概括了国家的角色："引领和培养"。国家也必须关注从一个技术面向下一个技术面过渡时的社会后果。人工智能在未来将完成许多我们早已不愿完成的工作，许多工种将变得多余。尤其是在这一过渡时期，许多人将失去他们的工作。"因此，我们必须扩展社会保障体系。"刘庆峰呼吁。只有这样，人们日后才能有空间"为自己发现更人性化的任务"。在接下去的几年，人工智能"将引领全球最大的工业革命。它将导致生产和我们生活方式的根本变革。"刘庆峰预言。在新冠肺炎危机中，众多新科技比预期更快地进入了日常生活。

四个中国人和一片黑森林

在这个充满戏剧色彩的领域中，那些典型的中小企业在中国的情况究竟如何？尤其是那些协助大集团的小公司。例如，为汽车行业提供零部件的公司，尽管这些部件在不久的将来很可能就用不上了。

这样的公司不多，但在深圳也有。它们已经成为德国汽车行业不可或缺的零部件供应商，而且早就不仅仅是为其中国的生产线供货。但像由中国四胞胎兄弟创立和领导的富泰和精密制造这样的公司却还是相当罕见的。更罕见的是，它还收购了一家德国的"隐形冠军"公司。

乘车去北边的龙岗区需要花上一个小时。这里还有些工厂，虽然街区已越来越多地被充满未来感的办公楼所占据。富泰和的工厂就在柔宇科技边上。柔宇发明了智能手机和平板可用的折叠屏，现在还能用3D打印机打出像纸一样薄的屏幕。在深圳机场，有一棵用这样的屏幕搭成的树用于宣传。屏幕虽比纸薄，却依旧能播放电影，既吸引人又让人觉得费解。

深圳有这么多能够拿出炫目科技的公司，人们很容易就会把富泰和这样的企业给忘了。这些企业生产的特殊部件也很精妙，缺了它们，戴姆勒和大众的车就根本跑不起来。而且，即便是博世（Bosch）、马牌轮胎（Continental）或是天合汽车（TRW）等

深圳

更大型的汽车零部件供应商,要是不能及时收到富泰和的零件,也只能干瞪眼。我们谈论的是高精度的转向轴,如液压气门和机械气门,还包括数控车床和冷墩设备,也就是精密冲压件和铣削件。在外行人看来,这都是无关紧要的零件,但由谁供货,却是企业需要三思而后行的问题。然而与此同时,现在遍地的电动车、人工智能语言识别和5G,可能很快便会让这些零件落后于时代的潮流。

我约了朱氏四兄弟中的两人。他们都取了英文名。57岁的弗兰克排行老大,是个喜爱文学的兵器工程师。他的弟弟西蒙虽是老幺,却是公司的大脑,擅长社交和营销,学过管理,现在是富泰和集团的总经理。三弟是富泰和的副董事长,同时也负责富泰和合资公司的财务。二哥是学建筑出身,现在是富泰和深圳公司的总经理。

当我打上滴滴去他们那里时,忽然觉得他们的故事听上去有些像《格林童话》中的那篇《四个聪明的兄弟》。在这个童话中,一个贫穷的父亲让他4个已经成年的孩子外出学门手艺。兄弟几个在岔路口互相作别。一个成了会飞檐走壁的盗贼,一个成了猎人,一个成了裁缝,最后一个成了观星人。几年之后,他们想要向父亲证明,虽然各自职业不同,但仍然能够齐心协力。观星人在树冠里发现了几颗鸟蛋,盗贼爬上树偷了下来,猎人用枪打碎了鸟蛋,裁缝又给缝了起来,放回鸟巢,让小鸟们能够正常地破壳而出。4个人的本事让父亲很兴奋,对他们赞不绝口,但他也说不出4人之中谁最厉害,所以只好等到下一个挑战。很快,挑战就来了:国王的女儿被一条恶龙抓走了。四兄弟各显神通,最终救回了公主。可是他们旋即开始因为谁可以娶公主为妻而争论不休。最后，国王明智地解决了这个难题。他们谁也娶不了公主，但却共同被封了半个王国的土地。于是，四兄弟就和父亲一起幸福地生活到了生命的尽头⋯⋯

而这4个来自武汉的朱氏兄弟也各不相同。他们的父亲也决定让兄弟4人从事不同的职业。四兄弟虽然没有拯救国王的女儿，却解决了挑剔的汽车厂商的种种问题。他们所获得的回报，是前人甚至根本不敢幻想的巨大财富。

西蒙到工厂门口来接我。他身穿深色西服、白色衬衣，有着毛寸发型，戴着时髦的牛角框眼镜。他的新皮鞋外面套着鞋套，就好像是在实验室里那样。他的英语非常流利。

这是星期天的早上。即使是在中国，这也不是寻常见面的时间，但朱氏兄弟之后要飞武汉，去他们在那里的工厂，因此这一天本来也排满了工作。我们在工厂园区中绕行。入口处就显示出，朱氏兄弟主要关注的还是他们零部件的精度。他们并不在乎外在的展示，接待大厅里只有寥寥几样必不可少的东西。一个小小的薄荷绿接待台，上面摆着两只红色花盆的小盆栽。边上是两株茂盛的无花果树，装在金绿色的套盆里。访客台后面的墙同样是薄荷绿色，上面挂着公司的标志，底下是一行红字："国富、企泰、民和"。边上则是各国时间：纽约、法兰克福、北京、东京。这是每家深圳工厂都必须要有的。

我们乘电梯上楼，经过今天空无一人的办公隔间，在会议室见到了弗兰克。大哥穿着一身休闲装：户外裤，蓝色背心，衬衫卷起了袖口。兄弟俩的情绪都很不错。他们性格开朗，而且对于自己一手打造的一切都很自豪。他们的企业状况也不错，共有 1 100 名员工，年销售额达到 9 000 万欧元，在香港和深圳都上市了。

这已经是他们创办的第二家公司了。第一家叫作深圳枫之林机械有限公司，主要生产热暖配件，在 2001 年以数亿元的价格出售给了美国的艾默生电器公司。"随后我们就考虑应当进入哪个领域。"弗兰克说。当时的总理朱镕基正在大力推动基建，国家建设了不少新的城市道路和高速公路。一个美国朋友提议，不妨投资汽车工业。他帮着联系了克莱斯勒（Chrysler）。与新客户商议后，他们先生产了一批测试件。最初有两位美国工程师给他们提供帮助，之后，他们便将自己的工程师送去美国进修。最初几年的困难过后，情况相当明了：客户很感兴趣。于是四兄弟就开始寻找一块合适的厂房用地。

"于是我们就开车绕过了这块地方，最后和一个骑摩托车的人搭上了话，"弗兰克说，"我们问他，他能不能给我们指一指最近破产的工厂。花了 5 欧元，他同意了。这笔投资很值。"他笑着说。当时这儿还是"城郊"，今天已经是一片专业生产基地了。

富泰和生意兴隆，因为大车企们越来越受到国家的压力，要将生产线和供货商本地化。"要达到西方制造商的标准很不容易。"西蒙解释说。但他们很快就理解了商业运转的模式：如果交付的产品没有任何问题，他们就能拿到长期合同。"绝对可靠的质量和准时交付是头等大事。"弗兰克强调。

他们是如此成功，以至于最后出现了一桩意想不到的事："我们的客户突然希望我们不仅在中国、更是要向全球供货，"西

第五章　享受机器人的服务

蒙说，"于是我们2015年就在墨西哥的圣路易斯波托西市建立了工厂，从那里向美国市场供货。我们是第一批在这座城市建厂的。"后来才有许多中国公司跟进。"当地人从来没有忘记我们的贡献。"弗兰克自豪地补充说。

与之相反，欧洲市场当时还是他们的软肋——直到博世公司的一位经理人让他们注意到了一家黑森林深处的小公司。因为家族没有继承人，公司所有人想要出售。四兄弟决定亲自去仔细看看这家生产转向轴的公司。公司可不好找，它坐落于古塔赫——一个只有2 300人的小镇，只有一条朝圣小路和夏天玩的轨道车滑道。古塔赫和临近的两个小镇一道被看作大绒球帽的发源地，而这种帽子在今天已成为世界公认的黑森林的标志。工厂在B33公路边，紧挨着福格茨农庄的黑森林露天博物馆。

他们很振奋，8年之后就买下了阿伯勒公司（Aberle）。2016年将作为中国公司收购德国企业最多的一年写入历史。"买下这家公司相对比较简单，"弗兰克说，"但接下来怎么办，我们一点头绪都没有。"他们想要在那里建立起欧洲的生产基地，研发新产品，扩展运营和客户服务。阿伯勒公司虽然在财务上并不算太好，但科学和技术的底子很不错。"我们非常确定能为这家黑森林公司找到中国和美国的新客户，并为所有人创造一个双赢的局面，"西蒙回忆说，"因此，当我们搞清楚员工、管理层和民众的脑海中究竟是怎么想的时候，完全不知所措。他们还以为我们要把技术据为己有，把机器运往中国并且关闭工厂。我们当时做了不少说服工作。我一整年都待在德国。"西蒙说。他一开始完全不能解除民众的怀疑，"人们就是害怕。这家公司就是他们的生命，他们对中国和我们都感到陌生，更何况我们还远在千里之外。"深圳和古塔赫，这是两个世界的碰撞。

但很快两边都意识到，他们各自的公司在不同的时期都曾经历过类似的发展。1928年，卡尔·阿伯勒（Karl Aberle）创立了阿伯勒车工车间，专门生产锥销和定位销。起初，公司只有3名员工。随着时间的推移，阿伯勒发展成为高价值钢制、不锈钢制、铜制和铝制精密部件的生产商，可根据客户需求定制。他们的主要客户来自汽车行业，当然也有卫生和钟表行业的客户。阿伯勒的成功故事是转型的结果。因为在1898年，当时的阿伯勒家族还在一家老磨坊改造的工厂里生产钟表外壳、钟、玩具，甚至电话组件。

"我们很理解这段故事，因为我们也曾经从事过一个完全不同的领域，"弗兰克说，"而我们做说服工作的另一大优势是，我们也是个家族企业。"如今，新老两代中等规模企业之间的关系已经相当融洽。"2018年阿伯勒成立90周年之际，一切就已经理顺了。"西蒙说。而《黑森林信使报》（*Schewarzwälder Bote*）则写道："阿伯勒团队从中国同行那里获益良多。"

不过，西蒙也已经领教了古塔赫的劣势。"要在这个小地方招到优秀的技术工人很不容易。"而在中国不一样，为了一份好工作，中国人去哪儿都行。现在，兄弟们在工厂旁边买了一栋房子。新冠肺炎疫情暴发的这一年，西蒙在这儿住了两个月，感觉"舒服极了"。"我每天醒来，睁眼就能看到一片美不胜收的绿色，"西蒙说，"简直太漂亮了。"在风景之外，四兄弟也很喜欢这里的好空气和美食：厚实的牛排，新鲜的鳟鱼配巴登产的白葡萄酒，以及直接问猎人买的野鹿肉。"我们总给老爹带黑森林樱桃烧酒。他特别喜欢这种酒,虽然我们在中国习惯喝度数更高的。"西蒙笑着说。当然,他们也爱德国车。他们在墨西哥开的还是克莱斯勒,但在德国西蒙就要开宝马。在国内,他和夫人共用一辆保时捷 Macan,之前则是一辆奥迪。弗兰克开的是奔驰 E 级车。

四兄弟现在已经认识并尊重公司不同生产基地的不同心态,他们自己也有些像是世界公民了。这不足为奇,毕竟他们每年去国外出差那么多次。弗兰克是最常出差的,对于各国员工的心态已经形成了一套自己的独特理论。"因为墨西哥的经理层是在美国受的教育,所以他们的 PPT 比工厂好看。在中国,工厂比 PPT 做得好。而在德国,PPT 和工厂一样好。"他笑着说。在他看来,世界至少与媒体和政治家想让我们相信的情况完全不同。"他们就是在那里培养恐惧和偏见。"弗兰克有些不解地说,"去过当地之后,虽然会发现人们在文化上受到不同的影响,但也能证明许多偏见和恐惧都是没有道理的。"

他认为,培养偏见是一种危险的趋势。"现在正是特别困难的时期。有些时候,政治的嘴脸太丑陋。一些花三四十年时间积累起来的信任,一个星期就可以毁掉。"

"试图孤立中国、强迫欧洲在美国和中国之间选边站的企图是不会实现的。"我说道。

弗兰克点点头。"幸好经济界的人比较实际。"他带着不容置疑的坚定语气说。市场会给政治指明方向,听着倒像是个资本主义者。

至少,对于深圳的这四兄弟而言,全球化的战略令他们获益,即便他们不能躺在功劳簿上睡大觉。汽车厂商会向下传导自己所面临的巨大成本压力,因此只有两种解决方案。"其一是自动化,"弗兰克说,"我们有一条生产线,10 年前还有超过 100 名员工,今天只需要 28 人。"那么另一种方案呢?"如果我们从客户那里得到订单量更大的长期合同,也可以给出更优惠的价格。"

然而,更让四兄弟头疼的,是他们又得再一次研发新产品。因为他们生产的大多数部件都是用在内燃机上的。"我们已经开发了一项冷却电池的新技术,而且,在不久之前已经向宁德时代介绍了我们的样品。"同时,他们还在自动驾驶领域寻找市场空缺,或许还能发现来自德国的合作伙伴。4 人的分工很明确。"我们各有所长,"西蒙说,"弗兰克是我们几个当中围棋下得最好的,他是战略家,能看到'全景'。我则更关注计划的落地。"

两个人都可以设想在退休后去德国住上一段,或者是去美国的田纳西州。弗兰克在一座国家森林公园的边上买下了一处地产,想要建栋小屋。西蒙退休后想要多打打高尔夫球;弗兰克则想多动笔。他在微信上发的箴言短句,已经帮他树立起了能够巧妙运用汉语的语言大师的名声。或许故事会有一个童话般的结局:他们将会一直幸福地生活下去,到黑森林的小农庄吃饭,或者去深圳的酒店用餐,让机器人做些南方的传统佳肴。

和厨师不同,机器人从不会恋爱

在入口就有一个长着一对碗碟状银色大耳朵的粉红色女性机器人迎接客人,和她握手不会染上新型冠状病毒。她的髋部很苗条,这样才能够鞠躬。她询问客人是否有预订,一共有几个人,顺便问客人都想吃些什么。随后,客人们就被带到了桌前。

这座充满Loft食堂风格的餐厅,主色调是粉色和灰色。这种技术设计和"Hello-Kitty"风的组合意外地很成功。白色的长桌边,客人们坐的是粉色灰色交替的塑料椅,或是粉黑色的长凳。在灯光炫目的玻璃后头是忙碌着的机器人大厨。共有46种机器人在这儿工作。机器人服务生不知疲倦地穿行在餐厅的走道上,看上去像是玻璃柜和企鹅的结合体,她们背后画着一双粉红的翅膀,脑袋像是外星人,有着黄色的眼睛和小巧的粉红耳朵。机器人的脖子上挂着一块小小的显示屏,像是戴着大领结。人们可以在这儿点餐,只要打开菜单App,就有超过200道菜可选,然后机器人就会把点单交给它们的厨师同事。

2 000平方米的"FOODOM天降美食机器人餐厅"于2020年在佛山开门迎客。佛山与深圳同属大湾区,被视为"粤菜的明珠"。这是中国第一家,或许也是世界第一家机器人餐厅。餐厅开张时,甚至登上了世界经济论坛的主页。

这里所有的员工都是机器人:全是传统粤式炖盅的流水线穿过后厨,盛上了传统粤式仔排汤,或者按老广的说法——"肉骨茶"。直到今天,传统的做法是将炖盅放在煤炉上加热,这里用的则是电磁炉。煲仔鸡也很美味,肉酥极了,仿佛只消看一眼就会从骨头上落下,此外还有裹着糖色的洋葱,以及大颗香甜的板栗。所有的菜品都是机器人烹饪的。撒着新鲜蒜片的响油鳝丝,不是每个人都会做。南方人特别喜欢这道菜。而机器人也不在乎食客身上的味道。

深圳

在厨房里忙碌的机器人让人联想起汽车工业中的机器人。一位机器大厨在流水线上煎肉排，铺汉堡，然后打包装盒，24 小时一直如此。在 FOODOM 机器人餐厅，人们并不小气，也考虑到了孩子们。机器人用粗壮的橙色机械臂同时给两块肉排翻面，让人印象尤其深刻。

拉面机器人师傅是 4 平方米的机器人组合，每个小时能烹制 120 份面食。其他机器人则用长长的机械臂将顾客点的各种餐食分别装到相应的餐盘上。不是每一道菜都是现烧的，提前烹饪的食材来自深圳北部的东莞。一座占地 6 万平方米的大型食物加工厂为这家餐厅提供预制食材。

另外，餐厅里还有水吧。一条白色的机械臂带着雅致的蓝色缆线，不知疲倦地用搅拌杯混合着五颜六色的饮品，从冰箱中取出预先冰过的鸡尾酒杯，优雅而精确地将搅拌杯中的饮料倒了进去。冰饮机器人的手臂摇动着，划过的圈越来越小，让杯中的冰块漂亮地叠在一起，姿态好不曼妙。

千玺集团实际上居于大名鼎鼎的地产公司碧桂园，这个公司开发了不少住宅小区。除了这家机器人餐厅，千玺集团还有其他 5 家，不过"只是"半自动的餐馆，第一家于 2019 年开张。现在，公司已经开发了 61 种机器人模型，申请了超过 500 个专利，其中大多数来自深圳。千玺集团的研发团队有 300 名员工，引领了潮流，并且还想要继续扩张。2020 年，千玺集团一共生产了 5 000 个机器人，《食品领域机器人系统安全认证技术规范》也在 6 月末正式发布。这是由千玺集团与国家机器人检测与评定中心共同制定的。

第五章　享受机器人的服务

新冠肺炎疫情使得研发团队的理念得以进一步实施——从半自动化到全自动化餐厅运营。"即便服务团队戴着口罩，有些客户也还是心存顾虑，"FOODOM 副总经理肖然说，"所以当人们了解到这道菜的制作过程完全没有接触到人时，就会放心很多。"给机器人消毒要比给人消毒简单得多，而且机器人在下班后也不用搭地铁回家。

"对于后厨来说，有个人尝一尝菜肴的口味不是很重要的吗？"我想知道。"一直如此，"肖然说，"这个过程是在给机器人编程时完成的。就算是一道简单的菜，比如圆白菜鸡汤，前后工序也要试验近千次。所以，现在汤是如出一辙的好喝。"确实，这家餐馆的菜在网上收获的评价很积极。肖然是个很友善的人，穿着蓝灰色的短袖衬衫和黑裤子，看起来更像是财务而不是个充满创意的人。能够改写餐饮的历史，显然让他相当自豪。

在 FOODOM，并不是所有的食物在 FOODOM 都是由机器人端上桌的。有些菜是通过管道和轨道直接输送到桌前，另一些菜则是一个起重臂用像灯罩一样的容器盛着，从空中落到桌上。托着餐盘的是 3 对翅膀，张开时像是倒过来绽开的花朵，显露出底下的美食。

要让坐拥这么多科技的餐厅不至于无聊，主要是放松的食客们的功劳。不管在哪儿吃饭，中国人几乎都能创造出一种毫无拘束的热闹氛围。人们依旧像在没有机器人的数千年里一样，开心地大快朵颐。孩子们本来也喜欢机器人。结账当然不用现金，而是用腾讯的微信支付。付款成功，机器人就会友好地眨巴眼，然后清理桌子，让门口的机器人迎宾能够再带下一桌客人。

深圳

或许人们更爱去街角的那家意大利小馆子,但麦当劳之所以成功,就是因为在全世界都能吃到同样的味道。在这家餐厅,食物也标准化了。但和麦当劳不同,这里是精致的中国佳肴,有着悠久的地方传统。肯定要不了多久,类似的餐厅就会开到德国。某种机器人运营的"新意尚"(Vapiano),或许对这家在疫情中破产、重新装修、期待卷土重来的意式连锁餐厅而言,这就是走出危机的道路。

第六章

科技素食引领新"食"尚

"美国和其他国家最近才开始着手的事,我们这里已经做了几百年了。"

——齐善食品市场部高级经理周启宇论植物肉

在 2019 年 6 月 19 日这一天,他们到底还是支起了红色的阻隔带。尽管外面正是亚热带的夏季酷暑,但排着的队伍实在是太长了。人们在等着买一只汉堡,一款价格不菲的汉堡:88 元,约等于 11 欧元。队伍越来越长,虽然在深圳买一只传统汉堡其实根本花不了 50 块钱。顾客大多是充满好奇心的年轻人。他们想要尝一尝第一个由中国公司烹制的无肉汉堡。不是动物肉制品,而是豆腐。在中国尤其是在深圳,这成了一桩很酷的事情。

中国人热衷于汉堡,但他们是否也爱吃素食汉堡,还有待观察。至少在外观上,素食汉堡无可指摘,不仅看上去鲜嫩多汁,而且汉堡该有的都有。汉堡顶上插着一根小牙签,牙签上挂着一面白绿相间的小旗,上面写着"青苔行星"。这是深圳最著名的素食餐厅。

餐厅坐落于深圳南山区的海岸城购物中心，往南3 000米就是连接深港的蛇口大桥。但在这栋来自美国西雅图（Seattle）的建筑师设计的五层楼大厦中，"青苔行星"却并不好找。于是餐厅老板就和生产无肉汉堡"肉"饼的深圳齐善食品合计出了一个特别的点子。他们在商城街边开了一家快闪店，来打响新汉堡的知名度。很快，这个消息就通过微信在全市传开了。许多人想要来尝试一下新汉堡。肯定不会是每一个人都出于信念，或许只是因为这种汉堡与众不同。一周之内，"青苔行星"的店里就卖出了超过一万份汉堡。

快闪店的名字叫作"人造食物实验室"，好像并不是很能勾起人的食欲，但店面设计却令人眼前一亮：这家店是纯粹的"野兽派"风格，就是那种使用混凝土作为设计原材料的现代建筑风格。设计师说外墙应当和汉堡一样粗糙而真实。或者就是要与众不同，让每一个经过的人都要停下脚步评头论足，最后再拍上一张照片打卡。至少，这种20世纪50年代从欧洲传遍世界的建筑风格，如今也在深圳成了潮流。

"HOST BY PLANET GREEN"，一排黑色的字母挂在水泥墙面上。"PLANET"中的字母E是左右镜面翻转，而P和L则好像是从这行文字中滑了下来似的。看上去有点儿笨拙，但在老远就能让人一眼望见。在墙上有4个圆形的大孔，下面则是一个方形弧角镂空。这是长队的终点。人们在那里从穿着黑色T恤衫、戴着黑色棒球帽的店员手中接过餐食。黑色的短袖让人想到大厨的罩衣，因为衣服右肩上也镶着两颗纽扣，而左边领口则是一半

第六章 科技素食引领新"食"尚

立领。

一群年轻的姑娘们正在摆 Pose 拍照：左手比着 V 字，右手举着汉堡。短裙、T 恤、热裤、舒服的平底鞋，灿烂的面孔。汉堡味道"很正——yummy，yummy"，一个姑娘一边大快朵颐，一边对着手机说。而另一个姑娘正拿着手机给她们几个拍短视频。她的嘴看上去，就像是正在吃汉堡。很可能之后就能在 TikTok 看到这段小视频，因为在中国，光是东西好吃还不够，必须还要拍个照或者拍个视频。没传到微信等软件中的饭菜是不香的。而对于汉堡来说，社交媒体中的滚雪球式推送传播，就是最好的宣传。如今在中国，有很多东西就是这样走红的。

根据点击量就能发现，深圳在植物肉上也早已成了引领风潮的城市。最早踏足这一领域的是齐善素食，这个公司成立于 1993 年。它不仅是上面提到的汉堡"肉"的制造商，现在也是中国市场的领头羊之一。

2019 年，诞生了这一领域最年轻的深圳公司：星期零（Starfield）食品科技有限公司。星期零是这一行业到目前为止募集到风险投资最多的初创公司，超过 1 000 万美元。虽然在数量上它还比不了美国在"新食物"（new food）领域的投资，但和其他领域一样，这一状况恐怕也很快会发生改变。

美国公司在植物肉上已经走得很远，在某些方面甚至领先中国一大截。但未来某一天，人们也许会说，正是从深圳、正是从这家小小汉堡店中，掀起了一场深刻地改变世界的潮流：一种食物产品从生态的神龛中迈出了走向大规模运动的关键一步。

2018 年，中国的植物肉市场就已经达到了 9 100 万美元，要比美国市场（6 840万美元）多出近三分之一。此外，专家预期中国市场的年增长率还将达到20%至25%。数据并不是凭空得来的，因为行动的压力很大：全球肉类消耗的增量，有一半都要归到中国。2020年，中国人吃掉了全球出栏生猪的近一半，以及其他禽畜肉的三分之一。人均肉类消耗在美国、以色列和阿根廷等国之后。和豆类蛋白相比，鸡肉蛋白的碳足迹是其6倍，而牛肉蛋白则高达73倍。现在，中国的二氧化碳排放量就有20%来自肉类生产。

然而另一方面，也没有人能禁止中国人享用肉食。凭什么美国人就能比中国人吃的肉多？中国人可以论证说：美国人可以少吃20年肉，让我们能有机会补上没吃的肉。

印度是传统的素食大国，有40%的素食主义者，但这是一个工业化程度较低的传统市场。在世界许多地区，最近都开始兴起素食运动，但若是没有中国，全球的趋势就无法改变。所有的情况都凑到了一起：鉴于大幅增长的肉类消耗量，世人有极大的压力，必须采取行动；一个国家有能力将事情引向正确的方向；还有一个巨大的市场，今天的素食者数量就是美国的4倍，尽管在两国的总人口中只占比4%。

但中国政府不能强制命令国民吃素肉，国人也不会同意。最好的解决方案是：要让不吃肉成为一件值得追求的事，成为酷生活方式的一部分，至少是对于生活在城市中的千禧一代而言。所以深圳作为试验市场才如此重要。因为这里的人年轻最开明，带着城市的烙印，有着开放的心态。而也正是在这里，中国的植物肉食运动证明自己确实能够以一种独一无二的方式将现代与传统融为一体。几个世纪以来，中式斋饭就是纯素食，同时又没有任何一个大的民族像中国人这样热衷于新鲜事物。到目前为止，无肉饮食还是少数人的信仰，但情况很有可能发生转变。这是因为，这一代的中国年轻人比他们的父辈更加关注他们的饮食及其对气候环境的影响。而中国的千禧一代数量可不少，有整整4亿人。

科技素食

传统与现代究竟如何结合，人们可以从深圳的齐善食品公司身上一探究竟。

在经过两次开车、一次步行路过之后，我终于找到了位于沙井路上的公司总部。之所以会三过其门而不入，是因为我本来的期待不是这个样子的：齐善食品只不过是一间小小的后院工厂。在临街这一面是一家类似杂货铺的店面，低矮的砖房，约有40平方米，比车库大不了多少。朝街开了两扇再正常不过的窗户，中间是一幅再正常不过的海报，画着两块汉堡"肉"饼，上面写着"植物牛排"。在窗户上方，绿色的塑料树枝装点着店面，还有一个黄蓝色的太极阴阳标志，中间用一片绿色分隔。这是公司的商标。

店面和周遭环境很是相称。这里距离超现代的宝安机场只有25分钟不到的车程，但看上去还像是旧时的深圳。整个三四层高的小厂房竖立在锈迹斑驳的铁栅栏后面，厂房的外墙上接着烟雾袅袅的管道，周围是杂乱的电线。整个街区都是这样的景致。厂房之间错落着几栋多层住宅楼,窗户外架着保笼,上面晾晒着衣物。鼓风机和涡轮在轰隆作响,空气中飘散着油和冷饭的味道。

齐善的总部就是这家店,里面全是摆满了无肉肉食的货架。大多数产品的包装上都印着传统的图案,如热狗、"慕尼黑口味素火腿肠",一个芥末黄色的纸板箱上写着"140克"。但这里也卖沙嗲素腰片,京都素排骨和猴头菇素龙虾球。一切都不含肉。

对某些人而言,这里甚至算得上是中国植物肉食的"圣地"。因为掌管齐善的余氏家族,拥有全世界最多的中国传统无肉肉食或斋食的菜谱。

我约了公司市场部经理周启宇。公司虽然才成立30年,产品却已经出口到30多个国家,每年销售额也接近4 000万欧元,年增长率达到10%。周启宇刚过而立之年,穿着一件拉尔夫·劳伦的夹克,蓝黑色条纹的衬衫,以及一件深色的V领针织衫。他不是那种随波逐流的人,而只是坚信自己做的是正确的事情。这是一个连"目的"这个词都觉得太时髦太牵强的经理人。他成长的地方和这里就隔着两条街,是典型的深圳中产阶级社区。他曾经卖了几年的鸡尾酒,然后才听说这家素食公司正在寻找一位销售经理。他根本难以想象,这样一家公司居然就在他家旁边的街角。

公司创始人余昭德和食谱第四代传人李俊一拍即合。公司和德国的中等规模企业有很多相似之处。开放,主要是自信,但也并不是每天都想要改变世界,更不想要追随每一股潮流。"我们不代表任何意识形态,也不支持某个特定的宗教,更不是拯救气候的人。我们只是想要为喜欢吃素食的人创造美味的食物。"在我们互致问候之后，周启宇如此说道。

我当然很想要多了解一些食谱。数年来，只有专业人士才得以一窥其中奥妙。而现在，这些食谱却在不经意间成了连接传统和全新的无肉健康运动的纽带。"我们忽然就赶时髦了。"周启宇说。

但这个家族的几代人一直只是在坚持做自己感兴趣的事情。他们从寺院和膳房收集了大量食谱，其中一些已有数百年的历史。亲手誊抄的菜谱上盖上了他们自己的红色印章。"没有电子版。"周启宇说。这样才安全。我肯定想要亲眼看看。

"我们一般不向外人展示。"周启宇表示。但他还是走向了保险柜，抱着三卷大部头回来。其中一卷是一本A4纸大小的白纸笔记本；另一卷是大厨和僧侣的相片；最后一卷则是一个文件夹，里面装订着棕色的硬纸，上面用书法般精美的大字从上到下记录下了菜谱，看上去就像是唐诗一般。周启宇将文件夹收好，打开了另一本笔记，上面记录着试吃者的评价。"我们按照食谱烹饪，请寺院中的僧人品鉴。"他说。因为很多菜谱是代代口传，所以试吃非常重要。不过，或许更加重要的是正如周启宇所言："发现传统，整理传统，并且保护传统不被人遗忘。"

现在是11:40。"我们要不要做点饭？"他问，"你有时间吗？"那还用说。

周启宇联系了厨师。联系方式可一点儿也不传统，而是用微信，现代得很。可惜厨师还在路上。"那我自己做吧。"他干脆地说。这位市场经理也爱下厨。对于他的工作而言，会做饭虽然不是必要的，但也没什么坏处。"不过厨房有点儿乱。"他提醒我说。

没问题。我们穿过天井，打开了门。这里之前肯定是一个车间，但某天有某个设计师把这里打造成了一个可以做节目的厨房。三盏黄色的吊灯，一面亮绿色的背景墙，写着白色的英语和汉字："全素"和"食物"，立在浅色木质包边的厨房岛台。然而此处看起来像是旧日的深圳重新夺回了这座设计好了的厨房岛，到处是油瓶和酱油瓶，装着调味品的果酱瓶，红白条纹的擦手布挂在微波炉上晾干。一切都说明：这里不是实验室，而是做饭和生活的地方。

周启宇把袖子卷高，洗了洗手，就上灶了。他一边做饭，一边向我介绍全新的营销理念："我们和阿里天猫一起进行了市场调查，发现年轻的顾客虽然觉得素食很酷，也很好奇，但他们想要的其实更多，如减肥或者增肌。"他一边说，一边把几根全素香肠切成均匀的薄片。因此，他们现在也推出了低卡香肠，可以降低肌酐，此外还有用于增肌的蛋白粉。另外，他们也更新了产品的包装。

周启宇从架子上取下一些已换了新包装的产品。它们可以摆在一家潮店里，和技术初创公司也很搭。包装袋泛着天蓝色和粉色的金属光泽，拉得细长的字母看上去就像是条码。"不仅要好吃，而且看上去要酷，要吸引人，有点像太空舱里给宇航员的补给品。只有这样，我们才能抓住年轻的顾客，你明白吗？"周启宇解释说。我明白。人们用不着搞些生态时髦来迎合中国的年轻人。而另一款包装则宣告着现代的谦虚：黑白相间，并无光泽，极简主义，就好像是融合了电路图和再简单不过的智能手机用户屏幕。

第六章 科技素食引领新"食"尚

周启宇用大火煎"牛排"。闻上去真的像是在煎一块真的牛排。在这个时代，他沉思着说，从古老的菜谱中打造出可以量产的食品而不会丧失其本来的特质，几乎比包装更加重要。人们必须清楚地知道食谱里说的是哪些食材。"然后我们就可以通过组合菜谱的方式继续改进产品，美国及其他国家最近才开始着手的事，我们这里已经做了几百年了。只不过，我们是历史上头一回也让大众能吃上。"周启宇说着，往锅里扔了几颗文火煨好的土豆。他虽然是在20世纪80年代末生于中国西南的重庆，但还是能想起吃不饱饭的时候。当时重要的不是吃好，而是吃饱。"过去，这样的菜本来是给富人的健康膳食。"

"还有佛教徒。"我补充说。

周启宇回答："这些菜式和宗教也没有太多关系。素肉菜的兴起其实是为了规避宗教的清规。"因为人们需要斋戒或者戒肉，所以才会发明味道像肉的菜品。"这些菜做起来又麻烦又贵，所以只上得了富人的餐桌。但现在这些菜可以说平民化了。例如这一道——"周启宇拿给我一道熟菜，白色的素鱼，还有黑色的鱼皮。他们花了很长时间才破解了这道菜的秘密。这是一道来自唐代的菜，已经有千年历史。"当时中国的首都是长安，也就是今天的西安，距离海很远，但还是能拿紫菜来模仿鱼皮。而紫菜则产自2 000千米以外的福建。"制成"鱼肉"的豆腐则产自近400千米外的河南。而想要造就鱼的口味，则还需要来自800千米外的四川的一种植物。在配置完成后，"鱼"还要被放置到一种特制的圆形器皿之中上锅文火慢烹。"这一切工序都很繁复，也让人明白这条鱼是御膳，而不是给老百姓的。"但现在，这条鱼只需要 1.9 欧元。"年轻人觉得这种传统很酷。"

菜谱在家族中传承了四代，几乎像可口可乐的配方一样受到严密保护。而至于传统和流传下来的知识，齐善食品和竞争者相比有着自己的优势。"他们主要受资本和市场的驱动，也没有我们传统产品的多样性。获得资本青睐当然比拥有我们的多样性要更简单，所以我们并不太担心竞争。而且，我们关注的也不仅仅是模仿肉类，而是健康的素食饮食。"

齐善食品每年都会进行近 50 项新产品研发，还和深圳大学一起建立了一个国家级研究所。研究所致力于更好地分离豆类蛋白，并继续开发其他基于植物的食品。

菜端上了桌，吃起来味道特别地道。这是一顿简单的快手菜：土豆牛肉，白菜香肠，还有羊肉馅的大馅饼。不是特别中式，反而有些西化。这是厨师的友好表示，或许也是国际化趋势的结果。"有新的竞争者对我们来说是一件好事，因为我们不得不从产品出发来改进技术。"周启宇说。不过这么多年来，压力一直不算大。而且我现在，而不是 10 年之前就来采访他，在他看来也不算巧合。"但我们看到这种发展趋势还是感觉非常幸运。现在，这已经成了一场真正的运动，而我们身处其中，没有掉队。"

你的梦想是什么？

"成为来自中国的全球玩家。"他不假思索地回答道。他希望向那些"受资本驱动"的初创企业学习如何更为勇敢、敢冒风险地去尝试新的路径。目前，他们虽然已经打入许多国家的市场，但销售量很小，而且在很长一段时间里，他们的顾客都是生活在国外的中国人，在超市买这些全素食品。这种情况应该得到改变。"所以我们现在也开始提供慕尼黑香肠。最重要的是，产品要让人觉得好吃。我并不喜欢强迫别人做任何事情。"

你自己还吃肉吗？

"很少吃，而且如果吃，那就吃品质上佳的好肉，作为特殊场合享用的精致美食。"齐善食品成立的最初动机并不是拯救动物的生命。"我们更多的是想要在传统的食谱中发现健康膳食的奥秘。"

盘子见底了。我们又喝了杯茶，方才相互作别。在送我出去时，周启宇说这个全素食品的诞生之地将不会再存在太久。几个月之后，挖掘机就该来了，这儿要建设一座购物中心。这里的地价也高达约8 000欧元一平方米。"可惜了！"周启宇觉得。但他也已经开始期待他们即将迁入的全新而现代的办公楼，而且离这里不远。在周启宇看来，最糟糕的事情莫过于这里的人们很快也会买不起房。在这条街的尽头，已经耸立起了第一批现代的高层住宅，外墙涂抹着亮丽的奶油色。

或许这里很快就会被永远遗忘，我这样想着，钻入了一辆还是由司机驾驶的网约车。或许也会有一天，这里或许也将竖起一块纪念的牌匾，或是一条以创始人余老爷子命名的街。因为到那时，齐善食品在港交所的市值将突破10亿美元，而传统的无肉肉食佳肴将作为中国的潮流软实力传遍世界。美国那些大型的同行企业，现在已经在这一等级上相互竞争了。

无肉去中国

这个市场上的新玩家之一是来自美国加利福尼亚州的"不可

能食品"公司（Impossible Foods Inc.）。它和"别样肉客"（Beyond Meat）是人造肉领域最大的两家美国初创公司，其市值达到近8亿美元。"中国在我们的扩张计划中具有最高的优先级"，"不可能食品"首席执行官帕特里克·O. 布朗（Patrick O. Brown）表示。2020年末，他宣布将在上海周边建设两座人造肉工厂。它们将成为"全球最大、技术最先进的植物基肉制品工厂"，坐落于一个"至关重要的国家和市场"。布朗紧随瑞士雀巢公司的脚步，因为后者已于2020年5月宣布，将在中国建立一座新的素食食品加工厂，并将投资1亿美元。"这是一场静悄悄的革命。"一位雀巢的发言人表示。

布朗本来也可以成为一家汽车制造商的CEO，他是那种让人觉得他一定能贯彻自己意志的人，即便是他笑的时候也不例外，即便是他常穿T恤和绿色的帽衫也不能改变这一点。他指出，中国是全世界最大的肉类消费国。"我们的使命能够发挥最大影响的地方，毫无疑问就是中国。"

他已经成功地说服了亚洲顶级富豪、香港巨贾李嘉诚给他的公司投资，之前人们都还以为91岁高龄的李嘉诚不会再关注这个未来的行业。此外，布朗的投资人还包括好莱坞影星莱昂纳多·迪卡普里奥（Leonardo DiCaprio）、微软创始人比尔·盖茨（Bill Gates），以及社交软件推特的联合创始人比兹·斯通（Biz Stone）和埃文·威廉姆斯（Evan Williams）。2021年初，布朗宣布，"不可能食品"将为24小时营业的连锁餐厅"金鼎轩"在北京的18家门店供货，提供8道经典中式佳肴。

即使是全球第二大肉类制造商，美国的泰森食品公司，也投资了"不可能食品"。"我们不想要柯达公司一样的结局。"当时的首席执行官诺埃尔·怀特（Noel White）说。柯达曾是摄影领域的先锋，数十年来一直是照相业的龙头老大，却在2012年破产。他们完全低估了数码相机的崛起。不过怀特的继任者迪恩·班克斯（Dean Banks）还是在2020年末宣布要在中国建设一座全新的传统工厂以加工禽类，真正的禽类。

"不可能食品"的首席执行官布朗在2006年就已经把"不可能汉堡"推向市场。这恰恰是在特朗普当选美国总统、美国在气候政策上发生180度大转向的那一年。但这一切都没有影响到汉堡的成功。现在，"不可能汉堡"已经登上了美国最古老的汉堡连锁店"白色城堡汉堡"（White Castle）的菜单，而且还有60家汉堡王分店供应"不可能汉堡"——作为"素肉皇堡"。布朗也在和麦当劳商谈。单是在上一轮融资中，他就募集到了超过3亿美元的投资，投资人包括音乐人Jay-Z和凯蒂·佩里（Katy Perry）、网球巨星赛莲娜·威廉姆斯（Serena Williams）、演员杰登·史密斯（Jaden Smith），还有脱口秀主持人特雷沃·诺阿（Trevor Noah）。由此可见，这个话题如今是多么"性感"。

2019年5月，公司在纽约纳斯达克证券交易所闪亮上市，股价首日就暴涨163%。虽然也曾陷入低谷，但2021年初，146欧元的股价依旧是发行价的两倍有余。大多数银行都认为，这家公司及其股票依旧有很大的上升空间。

"别样肉客"则在美国的人造肉市场以10%的市场份额排名第三，排在两家老牌企业之后：家乐氏（Kellogg's）旗下的"晨星农场"（Morningstar Farms），以及属于康尼格拉（Conagra）集团的 Gardein 品牌。但"别样肉客"却是增长最快的公司，2019 年增长率高达 130%，而且这家公司的产品已经进入德国，例如，在 Lidl 超市就能买到。值得注意的是，2020 年 11 月，来自旧金山的初创公司"皆食得"（Eat Just）公司首次在中国获得了制造人造肉的许可。这家公司先前已在新加坡获得许可，生产用于制造鸡块的人造鸡肉。

植物基肉——风投资本的新浪潮

中国的上市公司也从这股乐观情绪中获益良多。例如，在深交所上市的烟台双塔食品公司，尽管只生产植物蛋白质而不生产终端产品，但其股价在 2019 年依旧上涨了 150%。2020 年，其公司股价在经历了一阵过山车之后，依旧从每股 8 元爬升到了每股 12 元。市场上弥漫着一股淘金热。2021 年 1 月，前一年刚刚成立的中国植物基肉初创公司 Hey Maet 就宣布，在新一轮融资中获得了数百万美元的投资。但在几个月之前，这家公司才刚刚拿到了百万美元的风投。与此同时，Hey Maet 公司还招聘了植物基蛋白质领域一位世界知名的中国专家，并将其团队整合进了自己的研发实验室。根据公司信息，这个研究团队是第一支也是目前唯一一支在中国运用"高湿挤压"技术提取植物蛋白的团队。

Hey Maet 只不过是众多初创公司中的一员，无论它们的名字是"珍肉"还是"株肉"，而且肯定还会出现更多的公司。因为到 2025 年，人造肉的全球市场将会增长 80%，规模将超过 200 亿美元。而来自中国的新玩家像在其他领域一样，很快超过其竞

第六章 科技素食引领新"食"尚

争对手美国的可能性是非常高的,更何况人们还不能低估他们的主场优势。现在的情况让人想起15年前的华为和苹果或者三星。当时,华为刚刚推出了自己的第一款手机,这场竞争看上去就像是大卫面对歌利亚。但从2020年起,华为已经跃升为全球最大的智能手机制造商。

当美国人把宝压在国际化的大众产品时,齐善食品则专注于中国传统菜式的多样性上。其产品显然要比"别样肉客"和"不可能食品"加在一起都更丰富。齐善的产品包括中国的精致美食植物鲍鱼、素海螺和斋蚝油等。2019年,齐善食品在其深圳的实验室中还成功地用海带制造出了一款蛋白膏,开创了全新的可能性。就口味的层次和丰富而言,美国公司在今天就已经无法再和齐善食品相提并论了。

目前,齐善食品通过阿里巴巴经销其产品。阿里巴巴是继亚马逊之后全球第二大电子商务巨头。但同时,齐善也与全球最大的连锁超市——美国沃尔玛集团有商业往来。沃尔玛在中国共有400家门店,要想把商品摆上那里的货架可不是件容易的事儿,尽管齐善的产品已经远销葡萄牙、英国、新西兰和澳大利亚等国家。最佳情况下,其与沃尔玛的合作将成为打开利润丰厚的美国市场的一块敲门砖。

齐善食品也向深圳的永辉超市供货。虽然世界上大多数人还从来没有听说过这家连锁超市,但应当即刻关注这个新势力。根据美国的"福布斯"排行榜,永辉在销售额与市值两方面都已经跻身全球1 111家最重要的公司的行列。

深圳

传统造就领先

如果比较一下齐善和"不可能食品"的汉堡就会发现,美国公司的"肉饼"第一眼看上去更加地道,更有肉感——如果要以此作为评判标准的话。"肉饼"是用植物原料制成的,模仿肉质的机理:关键要素在于血红素的组成部分之一——亚铁血红素。正是亚铁血红素让血液变成红色,它作为蛋白质储存在肌肉纤维之中,但也能在豆类根茎中找到。"肉饼"中没有动物脂肪,而是椰肉脂肪,混合了小麦和土豆蛋白质。而五成熟甚至三成熟的轻微血色,"不可能食品"则是用甜菜根的汁来实现的。这样做的效果很好,而中国齐善食品的"肉饼"看上去就有些发白。

我现在咬下去一大口。先吃美国的,再吃中国的。"不可能食品"的汉堡口感更接近肉质原版,尝起来没有"放弃与理性"的味道。中国的汉堡则还是太让人联想起豆制品,从口感上也更偏软。不过,这倒不是件很难改正的事,或者干脆就保留。或许最后会有不同口感风格的汉堡,至少现在看来,肯定既会有中式的,也有美式的。其他还会有什么口味,仍需拭目以待,因为市场还刚刚处于发展的起步阶段。市场调研公司艾媒网发现,三分之一的中国消费者甚至不知道已经有了人造肉。为了改变这种状况,齐善食品想出了一个巧妙的战略:先用素肉零食打开市场,让顾客们慢慢适应这种新口味。此外,公司还要在上海开一家100平方米的旗舰店,以及更多的网点。2020年一年,人造肉在线上的销售就增长了100%。

中国市场为本国的供应商营造了一个巨大的优势。但齐善食品的周启宇很清楚:"只有中国人才知道中国的饮食习惯和烹饪技巧。赶上美国人在技术上的领先并不困难,难的是适应复杂的中国传统。"在他看来,正是传统让中国市场如此复杂又如此独一无二,因此才难以打开。中国人虽然也爱吃汉堡,但在汉堡之外的美食世界,却是难以想象的多姿多彩。

而且中国人还有豆腐,这是传承了数百年的素食美味。唐朝(618—907年)末期就已经有关于豆腐的文字记载,当时的僧人就已经开始用大豆制作豆腐。

传说,是西汉淮南王刘安(公元前179—公元前122年)在公元前164年发明了豆腐,但这很可能也只是一个传说。另一种说法是,豆腐其实是偶然产生的。当时的僧人们向磨好煮熟的豆糊里加了混有杂质的海盐,导致豆糊开始凝结。最后产生出的凝结成块的东西,据说就成了制作豆腐的基础。

就事论事,中原汉人在元朝之前都不知道有奶制品。由于发酵后的牛奶又被称为"乳腐",读音和"豆腐"相当接近,有些学者便认为中原汉人是从蒙古人那里学来了发酵的技术。

不管是谁在什么时候用什么方式发明了豆腐,有一点是毋庸置疑的:无论是在中国,还是在韩国、日本、越南和泰国,豆腐早已成为除大米之外的另一种基本的食材。直到20世纪下半叶,豆腐才在西方开始流行。在11世纪前后,佛教僧侣们便创造了可以以假乱真的仿制荤菜,而这些菜式历经数代流传,又得到改良,从大豆蛋白制成的素鸭,到用小麦面筋制成的素熏鱼。"后来到了宋朝,还出现了用豆腐制成的鱼,以及用蒟蒻,也就是一种魔芋类植物做成的虾。"齐善食品的创始人余昭德说。

今天，豆腐的制作方式和千百年前并没有太大不同。泡软的豆子和水一起研磨成糊状，然后过滤，将固体的豆类纤维和流体的豆浆分离；在豆浆中加入天然的凝结剂使之凝固，就产生了凝结成块的豆类蛋白和豆乳清。豆类蛋白会被压制成块，在工业化生产中随即将会进行巴氏灭菌和真空包装。美国人特别青睐在豌豆中分离的蛋白。

不过，中国农业科学院农产品加工所的张波认为，美国公司涉足的领域范围是有限的，只能局限于汉堡、热狗和炸鸡。"在吃的问题上，中国人的口味十分刁钻，而且烹饪肉食的方式也比西方要复杂得多。"他指出。

从一场化学流行病到德国小熊糖

2018年，这个行业得到了出乎意料的支持。

这是在深圳的东郊，零星还有些乡村的结构：农田、小农庄、鱼虾塘，间或还有些养猪场。农民李正文站在一条由畜牧兽医部门的挖掘机掘出的深沟前，感到难以接受。这条深沟深达3米，长10米，里面铺着蓝红色的塑料布，一辆卡车缓慢地往沟的方向倒车，然后把装载的死畜都倾倒到沟里。一个穿着白色防护服、戴着口罩的男人挥动着耙子帮忙，李正文的泪水在眼眶中打转。有关部门把他超过200头的整个畜群都做了无害化处理，因为他邻居的畜栏中发生了非洲猪瘟。

这是广东省2018年6月至10月报告的11起猪瘟中的一起。相关部门甚至没有对李正文养的猪再做一次测试，出于安全考

第六章 科技素食引领新"食"尚

虑，周边所有的猪都被无害化处理了。李正文虽然从政府那里得到了一笔补偿，但数额远不如他的猪本来能在市场上卖出的价钱。而且让他更难过的是他不知道自己是否还要继续养猪，或是如何继续养下去。"也许我得改成养鸡了。"他说。

政府花了一年时间才控制住局面。引起非洲猪瘟的病毒在煮熟的或冷冻的肉里也能继续存在，因此从中国北部一直蔓延到了全国。整个中国共计超过两亿头生猪被扑杀，这是难以弥补的巨大损失。整个 2018 年，中国只进口了 800 万吨猪肉，而在猪瘟暴发后，为了弥补需求的缺口，中国还需要 2 400 万吨猪肉。

从 2007 年起，国家开始在全国各地的冷库储存"战略储备肉"，而现在到了缩减储备规模的时刻了。如果肉价太贵或是供应不足，就可能导致社会动荡。

不过幸好情况没有那么糟糕，虽然通胀率从 2018 年的 3% 上升到了 2019 年的 3.8%。虽然中国的猪肉价格一度飙升了 70%，甚至德国也被其后果所波及。"中国人导致了肉排危机"，《图片报》在 2019 年秋曾用过这样的标题，而且还写道："中国人把我们烧烤用的肉排全买走了。"背膘和肩胛肉的价格"在过去的 3 个月中翻了 3 倍"，德国肉制品联合会的萨拉·蒂姆（Sarah Dhem）警告。德国的生猪养殖户为此感到高兴：他们向中国的出口价格上涨超过 50%。反过来，德国的肉类和香肠生产商却高兴不起来，因为他们无法将上涨的价格一比一地传递给消费者。对于德国的肉店来说，这是相当艰难的一年。甚至小熊糖都因为中国涨价了：2019 年秋天，在 Aldi 超市和 Lidl 超市要买一袋 360 克的哈瑞宝（Haribo）牌果味小熊软糖是 1.19 欧元而不是 1.09 欧元。原因很简单：小熊软糖的很大一部分是明胶，而明胶是用猪的结缔组织制成的。于是，人们就能从超市里看到全球化的负面效应。

中国人对于肉食需求的增长倒是有利于德国的肉商，因为中国在2019年成为德国猪肉最重要的进口国，进口额接近7 770万欧元，约等于德国猪肉总出口量的17%。而德国是世界第三大猪肉出口国，全球市场占有率接近15%，几乎与西班牙和美国持平。倘若中国市场减少对猪肉的需求，这3个国家势必要进行大幅度的调整。

谁也没有想到，在猪瘟过去之后，肉类的消费还会面临更加严峻的后果。不只是对动物，对人类而言同样如此。

在新冠肺炎疫情面前，中国植物基肉的制造商的心态相当复杂。一方面，他们感到自己先前最糟糕的预言竟然成了现实，于是现在期待有更多的人能够放弃肉食。但另一方面，所有的餐厅都必须歇业，素食餐厅也不例外，营业额暴跌。然而没过几个星期，事情就很清楚了：危机至少在中国将会比人们先前担忧的更快被克服。2020年3月，饭店就已经重新开门迎客，经济逐步恢复。而且有一件事确实发生了变化：年轻的城市消费者对肉类的胃口比过去任何时候都要小。英国数据分析和咨询公司"全球数据"（Global Data）通过2020年中在中国的一份问卷调查发现，和疫情前相比，有85%的中国消费者愿意买"同样多""更多"，或是"多得多"的植物基肉。

"消费者正在减少对肉类的依赖。""全球数据"研究主管苏米特·乔普拉（Sumit Chopra）如是总结这一趋势。更不用说，人们还担心,人畜共感传染病引起大流行的风险将在未来继续增加。《中国日报》(*China Daily*)也确认:"几乎没有比此时更好的提倡植物肉的机会。在新冠肺炎疫情过去后,消费者的生活方式发生了转变,追求更多的食品安全和可持续的饮食。"

植物猪肉末和3D打印的骨头

又是深圳扮演了领头羊的角色。政府定下了明确的目标:深圳市在2020年4月就成为中国第一个不仅禁止食用野生动物,同时立法禁止食用猫狗的城市。在那段一切以刺激消费为重中之重的时间里,这个决定可谓极其明确的信号。

同样是在4月,当美国和欧洲的封城把日常生活锁得严严实实,当唐纳德·特朗普大谈"中国病毒"并考虑着如何将中国这个惹人讨厌的对手从世界经济体系中剥离的时候,美国公司认识到了时代的信号。一份纽约报纸还在那里沉思,苹果公司是否应当从中国撤出生产线,因为中国在下一年必然"会多上千百道伤口,血流不止",而美国"今天就可以拔掉'贸易'这台对中国性命攸关的呼吸机"。与此同时,美国的餐饮连锁企业星巴克和肯德基已经开始在其中国的咖啡馆和餐厅门店供应植物肉制品。自从2020年4月22日起,星巴克第一次推出了"别样肉客"的青酱意面、经典千层面和美式酸辣酱大卷,此外还有粤式风味沙拉和蘑菇谷物碗,其中所用的植物肉是来自中国香港公司Omnipork的新膳肉。这家公司从2019年秋天起才首次向中国内地供应其产品。此外,星巴克还加入了瑞典噢麦力燕麦奶饮品,如莓莓燕麦红茶玛奇朵，或者是燕麦抹茶拿铁。而豆奶是星巴克的老产品了，从 2007 年开始就有提供。

　　星巴克在中国共有 4 400 余家门店，极受年轻人的追捧。就在 2020 年 4 月到 6 月，这家连锁企业就在中国开设了超过 100 家新店。到当年年底，还有 400 家新店开张。顺便说一句，植物肉的荤食证明其是一种成功的营销策略。这让顾客们有一种踏实的感觉，因为星巴克在疫情和猪瘟过后回应了他们的担忧。

　　几天之后，同样是在 4 月，快餐连锁肯德基也跟上了星巴克的步伐。肯德基在中国有超过 6 500 家分店，是中国规模最大的快餐连锁品牌，运营方是百胜中国。肯德基在深圳和其他两座中国城市推出了用豆类、谷物和豌豆蛋白制成的植培黄金鸡块，而供应鸡块的是美国食品巨头嘉吉公司。这样一来，肯德基就成了第一个在中国售卖人造鸡肉的西方公司。在深圳科苑南路阿里中心的肯德基门店，一份植培黄金鸡块售价折合 0.3 欧元。植物鸡块大获成功。百胜中国的首席执行官屈翠容（Joey Wat）女士长舒了一口气："我们在最重要的产品上测试了植培鸡肉，证明我们已将这一越来越重要的趋势提升到了全新的高度。"

　　美国两大市场龙头之一的"不可能食品"还在急切地等待着中国市场的准入许可，而 11 月中旬，"别样肉客"首次在市场上推出了植物版的猪肉肉末，老饕们可以在上海的 5 家餐厅尝鲜。植物肉末模仿饺子或春卷等诸多亚洲菜式最受欢迎的馅料，这是"别样肉客"第一款专门为中国市场研发的产品。

　　这一种发展趋势也体现在了其他领域，如汽车或电信行业。几家中国公司稳步前进，然后政府的某个文件或是某个事件像是一声发令枪响，推动了发展。整个行业可以说是猛然惊醒。用不了多久，全世界的大玩家便蜂拥而至。中国的新玩家们也开始大量涌现，而老的企业先前还可以混混日子，现在也感受到压力了。接着国家开始制订规范，而后本国企业席卷了全球市场，虽然遇到抵抗，却能够应对，因为它们有着巨大的国内市场。来自深圳的华为就是最典型的例子。

替代性蛋白质的市场目前还处于中国玩家不断涌现的阶段。新的初创公司如雨后春笋一般冒出来，而深圳则是素食风潮的秘密之都。在中国，没有一片比这里更好的新事物的试验田。这座城市不仅年轻，而且生活着如此多的来自五湖四海的人们，有着如此多样的餐厅。在中国内部迁徙的人们也带来了他们的饮食传统。如果在"大众点评"软件上输入"素食餐厅"，就会在上海发现有500多个结果、北京有接近500个结果，但在面积小得多的深圳却有超过600个结果。因此，这座城市便成了开发各种只有想不到、没有做不到的肉类替代品的理想之地。

大约有"一打"新企业正成为行业的搅局者。例如，新加入的初创公司珍肉，其坐落于北京和深圳。"我们专注于在技术上重现最受欢迎的中式佳肴。"珍肉的创始人兼首席执行官吕中茗说。又因为中国人是那么热衷于从骨头上咬下肉来，所以他的研究团队正在试验用3D打印技术复制肉骨头。2020年秋，他们上市了植物肉小酥肉，以及用海藻与白兰地提取物制成的植物小龙虾。

还在疫情期间，道夫子食品国际公司就和美国的新作物资本共同成立了支持替代性蛋白质行业的"道夫子孵化器"。从现在

深圳

开始,他们希望每6个月就资助5家初创企业,直到形成一个由30家公司构成的网络,组成这一新兴行业在中国的核心。"支持优秀的创业者,说服4亿中国的千禧一代接受这种新颖的、令人兴奋而且美味的植物蛋白食品,意味着巨大的商业机遇。"道夫子联合创始人曾小虎表示。

2020年3月12日,也就是德国正式宣布封城前一天,道夫子宣布了第一项投资。获得投资的公司将构成其孵化器的核心,深圳的星期零食品科技有限公司也将成为这一行业的明星。来自加州帕罗奥图的经纬创投在短短一个月后就立即跟进。经纬创投已经投资了超过600家初创公司,其中就包括中国的外卖巨头"饿了么"。这家公司在西方几乎无人知晓,但在中国每天都有来自2 000个城市的超过1 600万份订单。

星期零是新作物资本在中国投资的第一家公司,而这家公司的最大资本是一项从海藻中提取亲糖蛋白的专利技术。研发在星期零中扮演着核心角色,其与深圳大学及其他大学的合作项目已经在全国范围内展开,而同样重要的是降低生产成本。星期零的首款产品植物肉水饺,在门店的价格几乎和传统中国水饺一样。这些饺子已经过预先烹饪,所以只需要在微波炉里加热一下即可。此外,从10月开始还能在中国的快餐连锁店德克士中买到另外20种植物肉产品。同时,星期零还为拥有170家门店的棒约翰生产"未来肉比萨",为悦璞食堂推出了一款翡翠香茅肉卷,为拥有300家门店的奈雪的茶打造了"绿星汉堡",还为"青苔行星"提供了人造肉卤肉饭。

另外,星期零的创始团队的合作对象还包括喜茶。喜茶是茶

第六章 科技素食引领新"食"尚

饮界的星巴克,来自深圳,在中国有数百家门店,在新加坡还有3家。其合作伙伴还包括深圳的初创餐饮企业 gaga 鲜语。这家公司在2016年的第一轮融资中就斩获了2 300万美元,现在已在深圳开有12家分店。它们"时尚、绿色、创意、另类",而且已经无法与这座城市分割。两家连锁企业可以说都代表了深圳的生活方式。

目前,星期零同时还在深圳测试一款汉堡,售价不比齐善的88元汉堡,而是仅需28元。2021年,星期零成为中国增长势头最强劲的食品科技企业。公司创始人是吴雁姿,"青苔行星"也是其家族的企业。先开餐厅再开商铺,最后创立公司。谦虚并不是吴雁姿的风格。"我们的目标是成为一家有影响力的食品科技公司,向世界的每一个角落提供健康的、对环境友好的饮食,并借此推广可持续食品的发展。"她说。这段话就像是刚从营销课堂上现成拿来的一样。她认为,最重要的是"与自然和谐相处"。

"假肉"还是"让美国再次健康"

不是在德国,而是在深圳,"食品科技"听起来才更像是一种全新的生活方式。德国虽然是全球最重要的素食市场之一,但更多的是在消费端而不是在新科技上。齐善食品等老一辈企业感受到了压力:它所创立的研究所是全国首家同类机构。可以烧烤的豆腐香肠也在研究计划上。

"现在全球已形成了三大研究肉类替代性产品的中心:硅谷、

以色列和深圳",亨德里克·哈瑟(Hendrik Haase)指出。这位德国博主和食品运动家留着嬉皮士的大胡子,永远戴着一顶礼帽,像是这场运动中的约瑟夫·博伊斯(Joseph Beuys)[1]。与上述三大中心不一样,德国在食品研究中并不扮演什么重要角色。"我们带不来市场需要的创新,"哈瑟批评说,"而是继续屠宰动物以向全球出口。"

既然崛起中的中国与衰落中的美国之间的食品创新的战争现如今已经打响,那么战火很快就会烧到植物肉的领域。这是争夺全新麦当劳植制巨无霸配料的一场"大博弈"。幸好这里争夺的不是坦克,而是酱料。

事实上,大豆现在就快供不应求了。中国从巴西进口的大豆数量最多,紧接着是美国、阿根廷、乌拉圭和加拿大。但大豆出口同样会对环境造成影响,美洲国家的农民们正在破坏雨林来种植大豆。在过去的15年,巴西的大豆种植面积翻了一番,大豆年产量已经接近9 000万吨,主要是出口到中国,但也出口到德国。不过大豆爱好者们将会为自己辩护说,大多数大豆最终还是成了工业化畜牧业中使用的饲料。

可以明确的是:植物肉越成功,美国和中国就会越激烈地争抢本就不多的大豆产量。今天的大豆就已在中美贸易战中扮演着核心角色,而且气氛越来越紧张。现在的博弈状况还是中国需要从美国进口更多的大豆,以便美国减少对华贸易的逆差。而如果人造肉能够顺利站稳脚跟,情况就将发生改变。单单是美国的植

---

1. 约瑟夫·博伊斯(1921—1986),德国现代艺术家,以装置艺术和行为艺术闻名。

物基肉市场，在 2017 年至 2019 年就增长了 37%。倘若这一趋势能够持续，中国的市场也将继续增长，那么美国和中国就可能在第三国争夺当地的大豆资源。

北京在这一问题上更有远见，现在就已开始与替代供应国建立联系，如俄罗斯和乌克兰，而美国目前对这些供应国根本不屑一顾。时任中粮集团总裁的于旭波表示，中国随时可以从南美洲进口更多的大豆，因为中国有 14 亿人，本来就比美国需要更多的大豆。今天，中国买下了全球市场上 60% 的大豆。

可以说，替代性蛋白质在经济领域造就了更多的国际合作，在政治领域却导致了更多的对抗。但很显然，中国对待此事的态度是严肃的。2020 年 9 月，国家主席习近平在联合国大会上宣布，中国将提高国家自主贡献力度，采取更加有力的政策和措施，二氧化碳排放力争于 2030 年前达到峰值，努力争取 2060 年前实现碳中和。因此，如若不在肉类消费上做出显著的限制，那这个目标是不太可能实现的。

"反刍动物的肉类比植物饮食要有害十倍到百倍。"皮特·史密斯（Pete Smith）教授强调说。他是联合国政府间气候变化专门委员会（IPCC）一份报告的起草人之一。正如我们终将告别化石燃料一样，我们也必须告别动物产品。"只有北京有能力在这个问题上改变国际游戏规则"，连比尔·盖茨也这样说。不过，中国是否能够得到华盛顿的支持，还有待观察，即便新任美国总统乔·拜登希望能撤回退出《巴黎协定》的决定。

2019 年秋天，一个 9 岁的男孩向时任总统的唐纳德·特朗普发起了一场特殊的挑战。这个来自佛罗里达州墨尔本市的孩子积极参与社会活动,叫自己"素食埃文"(Vegan Evan),他看上去少年老成,是"少年动物英雄"社团的主席。他向特朗普提议坚持30天的纯素食,作为"让美国再度健康"(Make America Healthy Again)运动的一部分。只要特朗普能够坚持下来,投资者就会为退伍老兵组织捐款100万美元。特朗普甚至没有发一条简短的推特来回应,而是发布了一张图片,上面是一摞煎得焦黄的熏火腿。图片配的说明是:"2018年没有一条熏肉被召回,倒是有不少蔬菜被召回。"不用说,这当然不是事实。

北京必须打头阵,因为在拜登面对前任留下的内政外交上的一地鸡毛中,饮食和营养问题肯定不是最高的优先级。然而,在深圳这堵水泥墙外排成长龙的好奇的人们,或许就是混沌理论中的那只扇动翅膀的蝴蝶。一只蝴蝶扇动翅膀带起的微风,可能引发一阵更大一些的风,这阵风则又会引发下一场再大一些的风,直到最终变为一场飓风。而这场飓风,将教会传统的肉类生产商,究竟什么叫害怕。

其他领域中的情况同样是如此。比如新能源汽车,中国不仅震动了本国市场,连带着也震撼了欧洲市场。但这种转变在食品问题上要如何转变?或许和汽车工业一样,通过额度比例。国内外的肉类生产商将不得不提高产品中植物基肉的占比,而接着政府对新式蛋白质产品进行补贴。而且也可以设想在国企和事业单位的食堂里,每周必须有那么几天只能供应植物基肉类。在中国,只要有必要,政策就能很干脆地落地。如果我们德国人和欧洲人不从迷梦中惊醒,中国人就将占据替代性蛋白质的全球市场,并将目前引领市场的玩家(主要是美国企业),全都赶到幕

第六章 科技素食引领新"食"尚

后。至少,在现在还看不见德国有哪家搞出名堂的初创企业。

要让整个国家都有志于迈入吃更少肉的时代,在中国自然比在美国和欧洲要方便。不单是因为国家能够更有力地施政,还因为中国人对此的态度更加开放。美国杂志《可持续食物系统前沿》(Frontiers in Sustainable Food System)的一项新调查证实了这一点:接近96%的中国受访者表示自己愿意购买"假肉",而在美国只有75%。

大数定律使得工业界更情愿地将更多的资金投入研发,并且因为能卖得更多,产品的售价还能降得更低。目前在中国有5 000万素食主义者,和总人口相比数量相对还比较少,但同国际相比数目却相当可观。在美国只有接近700万素食者。

但是深圳实践也揭示出,要让大多数中国人戒掉肉食,并不像儿童游戏那样简单。坐落于深圳湾旁的华润万象城总面积超过20万平方米,装饰得富丽堂皇。在路易·威登专卖店、滑冰场和一家米其林星级餐厅中间,还有一间金、白色相间的小店,店名叫作"Bonus"。Bonus在短短两年间就成了一家网红品牌,通过线上不断点击分享而走红。万象城的Bonus已经是其在深圳的第三家分店了。

Bonus主打冰淇淋,但不是随便一种冰淇淋。与潮流相反,或许这正是它的成功秘诀,Bonus推出了一款"牛肉干冰淇淋"。店员考虑到膳食平衡,还推荐了"桂花酒酿"这款全素的冰淇淋。给那些不知道的人做个科普:桂花和橄榄同属木樨科。这里也排长队,拍冰淇淋照片发微信,而种种奇特的冰淇淋口味也只有在深圳这样不拘一格的城市才会出现。热衷于搞试验的深圳人才会时不时地来这里点上一份冰品。不过，牛肉干冰淇淋的质量有待提高。排在我前面的男士点了一个咸蛋黄冰淇淋。店员笑着问道："噶唔噶奶油（加不加奶油）？"

展　望

在深圳最让我惊讶的是：那儿的人们是多么自然地将各式各样的创新技术（无论是其长处还是不足）引入了日常生活；由机器人服务或者被一辆无人驾驶的汽车超车成了一件再正常不过的事。

我惊叹于深圳多彩的亚文化和无数的绿色，以及这座城市可持续的理念。但最让我惊叹的，还是深圳人拥有面向未来的开放心态而不忽视生活中的不足之处。更重要的是许多深圳人给人一种连阴暗之处都能照亮的感觉。这种施展拳脚的空间就是人们的自由体验。

与此同时，这里已经显现出了一种趋势，即深圳这样的城市将成为整个亚洲甚至也将成为非洲的模板。巴基斯坦的卡拉奇10年之后就会和现在的深圳一样大，埃及的开罗和尼日利亚的拉各斯也是如此。不过到那时，深圳也自然会比我们在2020年和2021年短暂逗留的时候更加庞大。但进步的驱动力还是同一个，而这种动力是我在撰写第一章时才真正清楚地意识到的。虽然集中规划很重要，但更重要的还是竞争。准确地说，是对人才的竞争。无论是国家还是这座大都市中的公司，都有着共同的意愿，希望人们在城市中能够尽可能舒适地生活、工作和居住。因为深圳不仅要和中国其他城市竞争，而且更在国际竞争上越发感受到了压力，因此，其要尽可能地对不同的人才保持吸引力。要吸引顶尖人才加入腾讯、华为或大疆，光靠金钱是不够的，其他指标也正变得越来越重要。可以说，最终是创新人才和为他们服务的复杂网络，决定了深圳的模样。他们才是新生活品质的推动者。而全球最优秀的设计师和城市规划者则将这种生活品质化为现实，并获得了自由的空间。也正是出于这个缘由，一如在第三章中清晰呈现的，深圳才会拥有种种亚文化。

在第二章中，我们看到对于德国的汽车行业——德国经济的核心而言，最可怕的绝不是依赖中国。更可怕的是中国的汽车行业是如此成功，以至于中国人不再需要德国的中端车型，而我们的富裕生活可能因此戛然而止。此外我们还发现，更高的生活质量也意味着更少的拥堵、更少的事故、没有路怒症、更好的空气、更少的冲击以及更多的出行灵活性。而且，重要的是在5G、自动驾驶和新能源汽车的组合中"让自动化平民化"，一如深圳自动驾驶大师X教授所言。也就是说，要节约宝贵的时间，争取留给自己更多的自由时光。然而，自动驾驶也有其代价。想要不被人认出，匿名在隐迹的大众之中，已经成为一件不可能的事情。在这个世界中，人被纳入一条交通的洪流，被控制、被分配、被归类，游手好闲的浪子一定会惹人注目。许多城市精英并不希望如此。市政府必须在此问题上找到平衡，而公园与文化工

展　望

厂指明了这一方向。

而在第四章中，我们看到借助华为和 5G，联网的机遇和风险是如何上升成为中美之间的一场科技大博弈。中国更多地强调联网的机遇，而美国则更强调风险。欧洲人尤其是德国人，却有在这场争斗中被耗尽的危险。正确对待此类新科技的方法看上去很简单：更严格的规则来管控风险，保持开放以免错过机遇。所谓"体制竞争"曾经导致了"冷战"，今天则会成为一场创新的竞争，而且一心只想要分出个输赢。而一场关于科技的优劣势的公开讨论，却很容易在这期间遭到忽视。对于建制派的欧洲国家而言，这是一种相当危险的发展趋势。他们似乎太执着于捍卫自己的地位，而忘记了世界仍然在继续前进。

在第五章中，我们看到的其实并不是新鲜事，只要合理利用机器，机器就能让人类的生活更人性化。比方说，搭建在人工智能基础上的机器人医生，能够辅助诊断和识别疾病，也因此让人类医生有更多的时间亲自照料病人。不止于此，计算机能够更快也更准确地做出诊断，并针对我们的个人状况提出个性化治疗建议。但这种辅助的代价是机器人会收集、利用我们的健康信息。这是无法轻易摆脱的两难境地。计算机支持的技术其实早已在德国得到了应用，如扫描诊断皮肤癌的准确率就要高于人类医生。但我们依旧需要建设防止盗取数据的保护措施，不管盗取数据的是国家还是企业。欧洲原先对待谷歌、Facebook 等企业的方式并不是什么好榜样，不能再次出现类似的状况。不过另有一件事情也越发清晰：在我们生活的世界中，人工智能的所作所为不再是人所能理解的了。这一点可能会使我们恐惧，但也会令我们有可能解决先前人类理智依靠集体智慧依旧无法解决的问题。

最后,在第六章中能够发现:德国只有携手中国,才能共同应对气候变化这个宏大问题。例如,深圳已经成了植物基肉大众化的实验室。中国文化在这一领域有佛教传统,从而让其思维能够转变得更轻松。或许人们能将这场运动看成中国的某种国际软实力。这种软实力确确实实有益于整个世界。

这一切对于基尔、多特蒙德和弗莱堡意味着什么?现在的我们不必再提这样的问题。因为今天的我们知道:这一切的意义尤为重大。德国的城市或许用不着摩天大楼。但即便是在德国,尤其是在大都市圈,依旧要处理类似的问题:如何将城市化与生活质量结合到一起?如何可持续性地建造,绿色如何重新夺回自己的地盘?德国也在和糟糕的空气、拥堵和排成长龙的车流作斗争。智慧交通控制、电动出行和分享的理念也将决定我们的未来。同样明确的是,我们将面临严重的技术人才缺口,不仅是在卫生领域,在工业领域同样如此。最后,我们也要解决农业问题,以及动物福利和过高的肉类消耗量问题。

所以说,我们别无他法,必须更深入地研究像深圳一样的创新城市,研究中国和亚洲,研究其各种不同的维度。只有不排斥这种全新的发展,我们才有一丝机会。如果德国和欧洲跟不上脚步,我们在经济上就会继续衰退。这意味着:我们参与决定明日世界及其发展的空间,将会越来越小。中国已经把这个错误远远地抛在了身后。这或许也是今天深圳如此成功的原因。19 世纪的中国政治家和大多数精英阶层,都长期以为自己全无对手,以至于他们忽视了欧洲工业革命带来的创新,也几乎因此而亡国。清

展望

朝经济一蹶不振，清政府失去了对国家的掌控，紧接着就是动乱与起义。中国的部分地区甚至被新来的竞争者实行殖民统治。对于身处"中央之国"的中国人而言，这一切着实难以接受。他们的国家几个世纪以来是如此强大，几乎不必在意世界上发生的一切，但这种忽视的结果却在中国的历史上留下了深深的伤疤。

直到我穿行于中国的时候，我才意识到，深圳在多大程度上是这一段历史的产物。这座城市是中国人两种深入骨髓的集体恐惧相互作用的结果：害怕失去控制，害怕不够创新。他们下了极大的功夫，将负面能量转变为一种积极的力量，要"吃一堑长一智"，于是就造就了全球独一无二的混合体。一座极富创造力的大都市，理念和创意能够在其中发芽成长。只有了解中国近代史的人，才能感知到深圳在启程迈入新时代之际依旧有的那种"只许成功、不许失败"的压力。深圳人未来也不会放松，而深圳就是中国的缩影。

对于我们而言，这意味着：我们必须得振作起来。我们应当秉持竞争的精神，面对新趋势毫不迟疑地提出自己的建议，指明应当如何在我们的价值体系框架内更有意义地使用新科技。我们应当使这种竞争再度成为一种挑战自我的常规做法，而我们提出的建议也应当是在公开而透明的讨论中形成的。为这种讨论创造空间，不仅是媒体、中学和高校的任务，更是政治家的任务。这种空间是留给诚恳探讨的，同时也照顾到我们后代塑造未来的空间。

然而，仅仅是被动地应对来自深圳、中国和亚洲的冲击，早已远远不够。我们自己必须再度提高创新能力。为此，我们应当尽快整合全欧洲的力量。我们联合起来能够完成的事情,将会令我们自己震惊。我们现在就必须以中国速度,也必须以美国速度为参照,它们的速度还是与欧洲速度有很大区别。我们必须立即创建相应的创新集群,也不能忘记财政资助。如果中国人和美国人每年向初创企业投资近 1 000 亿美元,而我们欧洲人的投资额只是少得可怜的一丁点儿,那就会是个大问题。2020 年,每 10 个新上市的技术公司就有 5 个来自中国,包括最大的 3 家公司。其他则来自美国,没有一家公司来自欧洲。但在投资之外,我们还需要开放和好奇,这曾经是我们的特色,尤其是德国的特色,但这么多年来却仿佛已经生了锈,又在众多官僚系统障碍和个人自私自利的阻碍下丧失了活力。

在这个问题上,或许几年之后我们甚至要说,恰恰是美国前任总统特朗普让我们睁开了眼睛。他向我们揭示出,对崛起者的技术泼脏水或是使绊子,即便看上去有着充分的理由,但实际上根本起不了作用。限制更优秀的人,将其关进扫帚间,是不会让自己变得更有竞争力,更不可能更有创造力的。新总统乔·拜登明白这一点,所以他希望让本国的工业再度具备竞争力。

这是因为他也清楚,光靠夸大风险就想要阻止大多数人认为很有意义的技术,在过去几乎没有成功过。19 世纪下半叶的英国曾经有一条施行了 30 年的法律,要求在每一辆汽车前都得有一个举着红旗跑的人,警告路人当心后面这台来自地狱的机器。红色的旗子消失了,而汽车也正在经历它的下一场大转变。它将摆脱人类驾驶员。而这将成为我们的日常。

我们依靠根据自己的想象和我们对于共同生活的设计而打造

展　望

的技术，能够在未来取得成功并订立标准，并不是什么天方夜谭。无论如何，从深圳发给德国的信号相当明确：竞争既是挑战，也很精彩。竞争会造就不可思议的创新。而没有创新，我们就无法应对摆在面前的挑战。不仅仅是气候变化，不仅仅是全球化，也不仅仅是在经济领域。如果经济始终错过机遇，势必会对欧洲国家的稳定造成巨大影响。现在，民主就已经开始松动，左右两个极端的势力都在增强。我们最晚到疫情之时也应该睁开眼睛了，我们的问题比任何时候都更加凸显。

创新让我们不仅能够保持而且更能够提高生活水平，特别是在出行和城市建筑领域。但这种更美好的生活应当呈现何种模样，我们还得探讨乃至争论，但不能戴着有色眼镜，而是应该尊重世界其他地区的不同设想。因为很明显：我们西方不应再单独决定全球的游戏规则。我们也不再是世界的裁判。美国人越来越不像裁判，而我们欧洲人早就不是裁判了。但我们目前还是更加多样化的新世界这块球场上的关键球员，而作为球员，我们最重要的事莫过于：保住球权。

致　谢
▼

这样一本书是不是非得一人独立完成,其实也不一定。我无法在这里向所有对本书做出贡献的人一一致谢。但在这里提及几位对我帮助甚多的人的名字,依旧是我心头的一件大事。

无须赘言,我首先要感谢我的家人安可、里奥和蒂姆,非常感谢他们在我端坐在笔记本电脑前,有时也在足球场边的无数个小时中的耐心和支持。

我还要感谢我的父母,是他们教会我做自己;我也要感谢我的兄弟安德烈亚斯,是他让我能够做自己。

对了,苏珊娜·韦斯特迈尔(Susanne Westermeier)可以说是这本书的核心。她的能力范围极广,从危机教练到计划大师,从理念出纳到逗号杀手。如果没有她,这本书得再等一年才能出版。衷心感谢你——苏珊娜。另外一言为定:写下一本书的时候我们一定多练瑜伽,因为苏珊娜也是位瑜伽老师。

但我也要感谢张玮。我已经和他共事了 20 多年,他一直非常靠谱,也非常沉着,有着巨大的人脉,总能解决最棘手的问题。而且，他的德语正字法比许多德国人都标准。

我非常感谢黄明为我打开了她在深圳的关系网，执着地追问若干采访对象，直到他们同意见我一面。她曾任巴伐利亚州中国代表处驻深圳的代表，为中德关系贡献良多。

我还要感谢法比安·佩尔奇（Fabian Peltsch）。他的校读给了我许多新的启发。毫无疑问，他是最了解中国亚文化的德国记者。

当然还有达尼埃拉·福格尔（Daniela Vogel）。她和过去一样，对文中的每一个词都细细推敲，像是翻开每一块石头检查一样，还很聪明地指出了不少矛盾的地方：松露猎人2.0。

此外，我还要感谢列奥·弗拉姆（Leo Flamm），感谢他阅读书稿的正直，绝不会出于友情而睁一只眼闭一只眼。他的建议让书中不少章节真正转动了起来。像列奥这样的记者正在消亡，不过他倒还是个乐天派。

我同样要感谢尤莉亚·霍夫曼（Julia Hoffmann），她是企鹅出版集团通俗书目项目部的主管。我们共同设计了全书的大纲。我愿意听从她的感觉，也很珍惜同她的交流。

最后，我还要感谢我的审校海珂·格罗内迈尔（Heike Gronemeier）。我们现在已经是个配合默契的团队，这在因为疫情不能见面的情况下尤为重要。她对我想要表达的内容的感觉，一再让我激动不已。

向着下一本书出发！

弗兰克·泽林

译后记

读者手中的书稿，是德国知名中国通弗兰克·泽林（Frank Sieren）新出版的关于深圳的力作。

作者弗兰克·泽林于 1965 年出生在德国西南部萨尔兰州首府萨尔布吕肯，曾在马克思故乡特里尔（Trier）及柏林学习政治学。自 1994 年起，他开始担任德国媒体的驻华记者，从此留在中国。他不仅向《商报》《南德意志报》《时代周刊》等重量级纸媒供稿，也曾担纲德国电视一台（ARD）、电视二台（ZDF）和西南德意志广播电台（SWR）等电视频道关于中国的纪录片的策划与撰稿人，更是数届德国政府在中国问题上的专家顾问。他尤其与德国前总理赫尔穆特·施密特过从甚密，二人曾共著《与中国为邻》（*Nachbar China*），驳斥所谓"中国威胁论"，在德国政界与媒体界引发了广泛影响。

翻译本书，可以说是机缘巧合。2021 年 5 月，泽林应邀做客北京大学德国研究中心学术沙龙，并做了"中国缔造未来"的报告，分享了他对中国从"世界市场"到"世界工厂"，再到未来的"世界创新场"的历史性跨越的分析。译者组织了本次活动并承担了当天的口译工作，收获许多，并与泽林一见如故。泽林不仅对中国有着充分的了解，更重要的是，他看待中国崛起的方式带有老派媒体人的冷静与客观，虽然站在德国的立场，却并没有现如今西方社会的那种"傲慢与偏见"。他的发言内容扎实而富有见地，让人对他的著作也充满期待。因此，当他提到自己的新书刚刚问世时，译者便萌生了将之介绍给中国读者的念头。

在本书中，泽林从一座城市读出了半个世纪的中国历史。从改革开放到中美贸易战再到新冠肺炎疫情，从白石洲的城中村到深圳湾的超级总部基地，他用轻快的笔触描绘了浓缩于深圳之中的过去与现在。尤为难得的是，他没有囿于"制度竞争"这个被欧盟多番炒作的概念，而是聚焦于交织着传统与创新的生活现实，客观地记录着这座城市的方方面面，不吝啬赞美，也不避讳隐忧。书中没有太多宏大的语词，更多的是一个个具体的人物和数据，而正是这种实事求是的客观态度，能够让中国读者在为祖国的成就而骄傲的同时，以更饱满的自信迎接百年未有之大变局下的全新挑战。

全书的翻译，是在日常教学、科研工作之余完成的。虽然本书不像学术类书籍有许多复杂的语法结构和概念，但要恰当地再现泽林轻快而优雅的文笔，也并非易事。斟酌、调整乃至删改在所难免，而部分人名与专名回译成汉语时，也不免会有疏漏。在此，译者恳请读者专家不吝赐教。最后，译者特别感谢泽林、中译出版社及编辑们的信任，并期待读者能够喜欢这个德国人所讲述的中国故事。

毛明超